国家自然科学基金重点项目(41130419)资助

冲击地压地质机理与冲击危险性地质分区研究

李书民 李松营 张万鹏 郭元欣 刘 军 著

煤 炭 工 业 出 版 社

· 北 京 ·

序

煤炭一直是我国主要的能源与重要的工业原料，是中国经济发展的重要支撑。在很长一段时间内，煤炭的能源主体地位不会改变。煤矿安全生产是煤炭工业健康、稳定、持续发展的坚实基础。随着煤矿开采深度和强度的增大，冲击地压、煤与瓦斯突出及顶板事故等煤岩动力灾害日益严重。其中，冲击地压以其突然、急剧、猛烈的破坏特征严重威胁着矿山的安全生产，造成了巨大的经济损失和人员伤亡。世界上有记载的第一次冲击地压发生于1738年英国南史塔福煤田，200多年来，其危害几乎遍布世界各采矿国家，包括我国在内的20多个国家和地区都记录有冲击地压现象。截至目前，我国发生冲击地压灾害的国有煤矿有100多个，主要分布在山东、河南、黑龙江、辽宁、甘肃、湖南、河北、新疆、江苏等省区。其中，地处河南省三门峡市的义马煤田是我国受冲击地压威胁最严重的地区之一。针对义马煤田的冲击地压难题，近几年来，义煤集团与北京科技大学、中国矿业大学、辽宁工程技术大学、煤炭科学研究总院、天地科技股份有限公司等多个单位合作开展了大量科研工作，取得了许多非常有价值的研究成果，对义马煤田的防冲工作起到了积极的推动作用。限于科研费用和协议内容等，以上科研工作主要从采矿方面开展研究；但冲击地压的发生是地质因素与采矿因素综合作用的结果，地质因素是内在的、本质的、固有的原因，对冲击地压的发生起着主导、控制作用。

本书以义马煤田为例，从地质学角度出发对冲击地压开展研

究，在统计义马煤田以往发生冲击地压事件的基础上，分析了义马煤田的地质条件，研究了发生冲击地压的地质机理，总结了冲击地压的分布规律和活动规律，建立了针对义马煤田特殊地质条件的冲击地压危险性地质评价模型，并对煤田进行了冲击地压危险性地质分区。本书资料丰富，内容组织合理，是从地质学角度研究冲击地压较为系统的论著，不仅对义马煤田的冲击地压防治工作有很好的指导意义，也可为其他类似地质条件矿井的防冲工作提供借鉴和参考。

北京科技大学教授
义煤集团特聘防冲专家

二〇一六年九月

前　言

义马煤田位于河南省三门峡市境内，为中生代成煤盆地，发育中侏罗统义马组煤层，煤田面积约为 100 km^2。义马煤田有杨村矿、耿村矿、千秋矿、跃进矿、常村矿 5 对井工开采矿井和 1 个露天煤矿（天新公司，原北露天矿），合计年生产能力 1000 万 t，为义煤集团四大煤田之一。经过数十年大规模开采，义马煤田各煤矿已累计生产原煤约 3 亿 t，剩余可采储量 1 亿多吨。1998 年，千秋煤矿 18152 工作面发生冲击地压事件，导致巷道底鼓变形，损坏大量工字钢支架。之后，义马煤田跃进矿、耿村矿、常村矿、杨村矿等矿井也相继发生了冲击地压事件。随着义马煤田矿井转入深部开采，开采条件趋于复杂，冲击地压灾害趋于严重。截至 2015 年底，义马煤田已累计发生有记录的较为明显的冲击地压 110 余次，累计损毁巷道数千米，曾数次造成人员伤亡事故，经济损失达数亿元，成为全国冲击地压危害最严重的矿区之一。本书以义马煤田为例，采用地质学原理对冲击地压开展研究，分析了煤田发生冲击地压的地质机理和规律，建立了针对义马煤田地质条件的冲击地压危险性地质因素评价体系，并对义马煤田进行了冲击危险性地质分区，为义马煤田矿井防冲工作提供地质依据。

全书共分为九章。第一章为绪论，主要介绍了研究背景、义马煤田概况、国内外研究现状、主要研究内容；第二章主要介绍了煤田区域地质和煤田地质条件及所属煤矿的生产概况；第三章主要介绍了煤田所发生的冲击地压事件概况，对主要冲击地压事

故进行了总结和描述；第四章为冲击地压地质机理，主要从巨厚砾岩、南北构造应力作用、煤厚及其变化等地质因素方面分析了义马煤田发生冲击地压的机理，分矿井提出了冲击地压发生的多种因素耦合作用机理；第五章总结了冲击地压发生的分布规律和活动规律；第六章利用 FLAC^{3D} 软件对义马煤田进行了地应力数值模拟；第七章为冲击地压危险性地质分区，利用所建立的地质因素的冲击地压危险性综合指数法评价模型，将义马煤田划分为无冲击危险区、弱冲击危险区、中等冲击危险区和强冲击危险区并统计近期发生的冲击事件，对分区结果进行了验证；第八章为冲击地压防治对策；第九章为主要结论。

本书在编写过程中得到了北京科技大学、河南理工大学、义煤集团等广大专业人员的支持和帮助。其中，北京科技大学姜福兴教授对本书中有关冲击地压地质机理方面的研究工作进行了指导；义煤集团原总经理贾明魁、总工程师杨随木对本书提出了宝贵意见；义煤集团地质研究所廉洁、张春光、杨培、姚小帅、郭国鹏、杨参参、王康等参与了资料整理、图件绘制、数据分析方面的工作；河南理工大学罗平平副教授参与了数值模拟工作；义煤集团矿压研究所范波、丁传宏、马建军等参与了资料收集工作，相关部室、矿井领导与技术人员在资料收集过程中给予了帮助。在此对上述人员一并表示感谢。

本书相关研究工作得到了“国家自然科学基金重点资助项目（41130419）”的资金支持。

由于作者水平有限，书中不妥之处，敬请批评指正。

著　者

2016 年 7 月

目 次

第一章 绪 论

第一节 研究背景

冲击地压是人类在开发矿产资源时，井巷或工作面周围煤（岩）体由于弹性变形能的瞬时释放而产生的突然、剧烈破坏的动力现象，常伴有煤（岩）体抛出、巨响及气浪等，冲击地压可导致采掘空间和设备的损毁，甚至造成重大人员伤亡，对矿山安全构成严重威胁。冲击地压在煤矿的表现最为明显。1738 年，世界上有记载的第一次冲击地压发生在英国南史塔福煤田。之后在德国、乌克兰、波兰、美国、澳大利亚、南非、中国等 20 多个国家都曾发生过冲击地压灾害。其中，1960 年 1 月 20 日，南非 Coalbrock north 煤矿发生冲击地压事故，井下破坏面积达 300 万 m^2，死亡 432 人，为世界范围内伤亡最为严重的一次煤矿冲击地压灾害。1933 年，中国最早记录的冲击地压发生在抚顺胜利煤矿，之后在北京、阜新、枣庄、大同、开滦、义马等矿区矿井都发生过严重的冲击地压灾害。随着采深的增加、采掘地质条件复杂化以及开采强度加大，煤矿面临的冲击地压威胁日益严重。1960 年，我国存在冲击地压的矿井仅 6 对，1990 年上升至 58 对，到现在已增加到 100 多对。中国是矿山开采受到冲击地压危害最为严重的国家之一，受到冲击地压威胁的矿山越来越多，危害也越来越重。义马矿区是受冲击地压灾害威胁最为严重的矿区之一，1998 年 9 月 3 日，义马

煤田千秋煤矿 18152 工作面下巷掘进过程中发生冲击地压，100 多米巷道严重底鼓变形，大部分工字钢棚倒落，是义马矿区发生的首例冲击地压事件。近几年来，冲击地压在义马煤田呈现多发态势，危害日趋严重。据统计，截至 2015 年年底，义马煤田 5 对生产矿井共发生比较明显的冲击地压事件 110 余起，累计造成 30 余人死亡，经济损失特别巨大。冲击地压被义煤集团列为首位矿井灾害。

第二节　义马煤田概况

义马煤田位于河南省西部三门峡市境内，地跨义马市和渑池县，是河南省唯一的中生代成煤盆地，是义煤集团四大煤田之一。义马煤田整体上呈极不对称向斜构造，北起于煤层隐伏露头，南止于 F_{16} 逆断层（义马逆断层），东西为沉缺边界。煤田东西走向长 25 km，倾向宽 3 ~ 6 km，面积约 100 km^2。煤田发育中侏罗统义马组煤系，含可采及局部可采煤层 2 组，共 5 层，自上而下分别是 1 煤组的 1 - 1 煤、1 - 2 煤，2 煤组的 2 - 1 煤、2 - 2 煤和 2 - 3 煤，2 煤组在浅部分叉，深部合并（或近合并）。煤岩层倾角一般为 10° ~ 15°，煤层埋深 2 ~ 1200 m。煤层顶、底板以泥岩、砂岩和砾岩为主。煤种为长焰煤。煤层赋存条件相对简单，适合机械化开采。义马煤田现有杨村煤矿、耿村煤矿、千秋煤矿、跃进煤矿和常村煤矿 5 对生产矿井及 1 个露天煤矿—天新公司（原北露天矿），合计生产能力 1000 多万吨。经过数十年大规模开采，义马煤田各煤矿已累计生产原煤约 3×10^9t，剩余可采储量 1 亿多吨，现已转入煤田深部开采，开采深度持续增加，开采条件趋于复杂，冲击地压灾害趋于严重。

第三节　国内外研究现状

冲击地压的形成机理非常复杂，到目前为止还尚未形成完全一致的观点，仍处于不断探索过程之中。自从世界上发生首次冲击地压事故以来，科技工作者一直致力于冲击地压的研究工作，取得了许多成果。早期有强度理论、刚度理论、能量理论和冲击倾向理论等；近年来，随着交叉学科的发展，非线性科学和计算机模拟技术在冲击地压研究领域的应用，又提出了变形失稳理论和“三准则”理论等。针对义马煤田冲击地压难题，近几年来，义煤集团与北京科技大学姜福兴教授、中国矿业大学（北京）姜耀东和窦林明教授、辽宁工程技术大学李忠华教授、煤炭科学研究总院齐庆新研究员等国内多位著名冲击地压防治专家合作开展了大量有关冲击地压机理、预测、危险性评价和防治等方面的科研工作，取得了许多非常有价值的科研成果。

与北京科技大学姜福兴教授合作的“微震监测三维切片数据处理分析及预测技术研究”及“义煤公司冲击地压治理规划研究”等研究课题，以义马煤田典型冲击地压事故为研究背景，对巨厚砾岩与逆冲断层控制型特厚煤层冲击地压机理进行了分析，并提出复合厚煤层发生冲击地压的“震—冲”机理。

与中国矿业大学（北京）姜耀东教授合作的“义马矿区冲击地压机理与防冲支护技术研究”和“义煤集团深部开采冲击地压综合评价及防治技术研究”等研究课题，认为冲击地压是在不同的地质条件和开采环境下，在多种诱发因素共同作用下，煤（岩）体系统变形过程中由稳定态积蓄能量向非稳定态释放能量转化的非线性动力学过程；煤体变形破坏过程的稳定性与煤体内微裂纹的扩展及显微组分分布特征直接相关。

与中国矿业大学窦林明教授合作的“义煤常村矿采掘相互作用及Z型煤柱区域防冲研究”和“常村煤矿复杂煤柱区域冲击地压多层次防治研究”等研究课题，提出了冲击矿压的强度弱化减冲理论，通过松散煤（岩）体，降低强度和冲击倾向性，并降低应力集中程度，减弱冲击矿压发生的强度，并应用电磁辐射强度、脉冲数与煤（岩）体破裂关系和微地震监测技术对冲击地压危险性进行监测、评价和预测预报。

与辽宁工程技术大学李忠华教授合作的“耿村煤矿深部开采冲击地压防治技术研究”和“常村煤矿电荷预测冲击地压与防治技术研究”等研究课题，根据耿村煤矿已经发生的冲击地压事故，分析了冲击地压发生的原因、类型、机理、特征及主要影响因素，建立了耿村煤矿深部危险评价预测及危险程度评价体系和冲击地压防治体系。

与煤炭科学研究总院齐庆新研究员合作的“义马矿区 F_{16} 断层对冲击地压发生影响的机理及规律研究”和“多场应力作用下‘顶板-煤层’结构体冲击失稳机制与防冲实践研究”等研究课题，提出了三因素理论，认为内在因素（冲击倾向性）、力源因素（高度的应力集中或高度的能量储存与动态扰动）是导致冲击地压发生最为主要的因素；应用数值模拟和相似材料模拟等方法，分析了原岩应力、构造应力、采动应力对冲击地压发生诱发机制。

与天地科技股份有限公司潘俊峰副研究员合作的“义马强冲击危险区地质力学探测与分析研究”和“深部开采冲击地压综合预警技术研究”等研究课题，认为巷道轴线与最大水平主应力方向的夹角是影响巷道围岩应力分布、破坏范围及围岩变形的关键因素，特别是夹角在20°~70°之间影响作用最为明显。并提出在进行巷道布置与支护设计时，应考虑巷道轴线与最大水

平主应力方向夹角的影响等建议。

以上科研工作，对义煤公司冲击地压防治工作起到了积极的推动作用。受经费、协议科研内容等方面的限制，上述科研工作主要从采矿因素展开研究。但冲击地压的发生是地质因素与采矿因素综合作用的结果，地质因素是内在的、本质的、固有的原因，对冲击地压起着主导、控制作用。

第四节 主 要 内 容

本书力图从地质学角度出发，找出义马煤田发生冲击地压的主要地质因素，分析研究冲击地压发生的地质机理和规律，根据义马煤田的特殊地质条件建立地质因素的冲击地压危险性综合指数法评价模型，并进行了冲击地压危险性地质分区。

本书以义马煤田为例，从地质学角度对冲击地压开展研究，描述了区域与义马煤田的地层、构造、地形等地质条件，再现义马煤田的形成、演化过程，介绍了义马煤田的开发历史与现状、冲击地压发生情况，在充分收集煤田勘探及补勘钻孔资料（共200多个），区域与各井田地质构造资料，精查生产地质报告、冲击地压事件台账、卡片、照片与受损巷道素描等资料，绘制义马煤田2－3煤层顶板砾岩等厚线与冲击地压事件分布图、义马煤田2－3煤层顶板坚硬岩石等厚线与冲击地压事件分布图、义马煤田冲击地压事件与F_{16}断层位置关系图、义马煤田2－3煤层等厚线与冲击地压事件分布图等20多幅图纸的基础上，利用地质学原理，系统分析了义马煤田冲击地压的地质原因，指出了影响义马煤田冲击地压的主要地质因素，这些因素包括煤层上覆巨厚砾岩厚度、到F_{16}断层的距离、“软采比”、沉降系数、采深、马凹组地层岩性、煤层厚度等，进而系统阐述了发生冲击地压的

地质机理。同时指出，义马煤田多种地质因素的耦合作用构成了冲击地压发生的地质基础，而非单一地质因素。总结了义马煤田冲击地压地质规律，指出义马向斜核部、上覆巨厚砾岩厚度大及厚度变化大的区域、靠近 F_{16} 断层区域、煤层合并区及煤厚梯度大的区段、马凹组地层硬岩比例高的区域、沉降系数小的区域等冲击地压多发，并利用 $FLAC^{3D}$ 软件对义马煤田地应力分布与变化特征，特别是 F_{16} 断层附近应力场进行数值模拟，模拟结果较好地验证了关于义马煤田冲击地压地质机理和地质规律的分析。

在分析义马煤田冲击地压地质机理和地质规律的基础上，借鉴综合指数法原理，建立了地质因素的冲击地压危险性综合指数法评价模型，对比分析以往发生冲击事件确定了分区评级指标，通过计算所选取的评价点的冲击地压危险性综合指数，将义马煤田划分为无冲击危险区、弱冲击危险区、中等冲击危险区和强冲击危险区。

统计了近期所发生的 3 次较为明显的冲击地压事件对前述分析进行验证，验证结果表明 3 次冲击地压事件位于义马向斜的核部或轴部、顶板砾岩厚度大、开采厚度与深度大、煤厚大及厚度变化大、距 F_{16} 断层较近等区域且均为底鼓型冲击地压，与分析得出的冲击地压地质规律一致。发生区域属冲击地压危险性地质分区中的中等冲击危险区和强冲击危险区，冲击地压危险性中等及以上，与分区结果一致性较好。

本书所做研究的开展时间为 2014 年，在研究过程中主要以 2014 年 8 月以前发生的冲击事件为素材。在本书编写过程中，补充了 2014 年 8 月之后发生的主要冲击地压事件。

第二章　区域地质与煤田地质

第一节　区 域 地 质

一、区域位置与自然地理

义马煤田地处河南省西部，位于三门峡市，地跨渑池县和义马市，东距洛阳市 55 km，西至三门峡市约 67 km，义马煤田区域位置如图 2－1 所示。煤田范围：北部为 2－3 煤层露头，东部、西部为沉缺边界，南止于 F_{16} 逆断层，煤田东西走向长 24 km，南北倾向宽 3～6 km，面积约100 km²。地理坐标：东经 111°42′～112°02′，北纬 34°38′～34°46′，是河南省境内唯一的中生代煤田。该区北邻陇海铁路、310 国道和连霍高速公路，南邻郑西高速铁路，交通十分便利。

本区属低山丘陵地形，地势西高东低，地形切割强烈，区内冲沟发育。地面高程＋415～＋670 m，地表多为第四系黄土覆盖，煤田东部区域有大面积侏罗系地层出露，其他区域零星出露。南涧河为本区主要河流，源于陕县观音堂、英豪山东麓，自西向东流经煤田北部区域，为典型的山区河流。

本区属大陆性半干旱季风气候区，具有降水集中、蒸发作用强、温差较大、四季分明等特点。大气降水主要集中于 7、8、9 三个月，多年平均降水量约 670 mm，多年平均水面蒸发量约 1951 mm。年平均气温 12. 3 ℃，极端最高气温 41. 6℃（1966 年 6

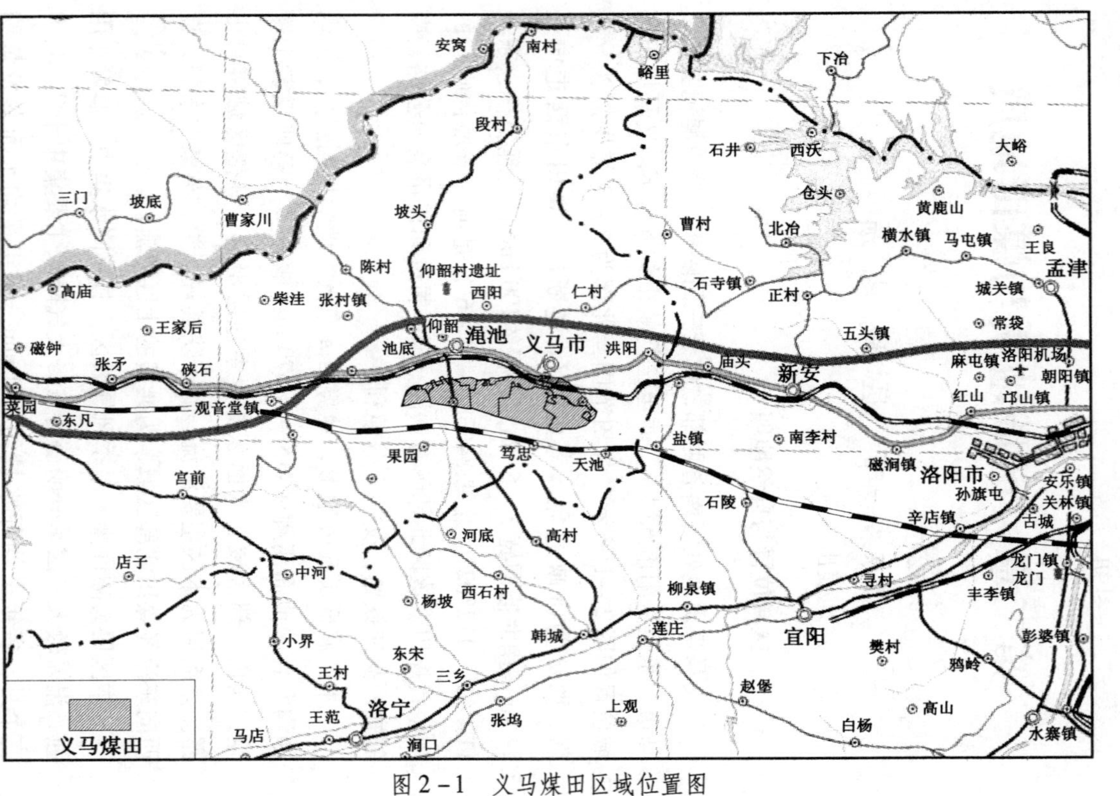

图2－1 义马煤田区域位置图

月20日)，极端最低气温 -18.7 ℃ (1969年1月30日)。历年霜期始于11月初，终于翌年3月底，无霜期约230天。

二、区域地层

陕渑义马煤田地层区划属华北地层区、豫西分区、渑池确山小区，地表多为新近系、第四系地层覆盖，局部有基岩出露。

(一) 奥陶系 (O)

奥陶系地表出露于北、西部山区，向斜南翼有零星出露，与下伏寒武系呈整合接触。该地层层序（自下而上）如下：

(1) 下统冶理组 (O_1y)。下部浅灰及浅黄色细粉晶白云岩、含泥细晶白云岩、角砾状白云岩，局部见竹叶状白云岩；中部浅灰色泥质白云岩、硅质粉晶白云岩；上部褐黄色及褐灰色角砾状泥质白云岩、含燧石泥粉晶白云岩、中晶白云岩、条带状白云岩等，厚度40 ~70 m。

(2) 中统下马家沟组 (O_2m)。底部黄色白云质泥岩；下部深灰色角砾状泥灰岩及灰岩、弱白云化泥灰岩、含白云质灰岩；上部灰色及深灰色厚层角砾状灰岩、弱白云化含砾泥晶灰岩、褐灰色泥质灰岩、含燧石角砾状泥质灰岩等，厚度0 ~30 m。

(二) 石炭系 (C)

石炭系分布于陕渑煤田及其边界一带，与下伏奥陶系呈不整合接触。岩性主要为含铁铝质岩、砂岩、石灰岩、砂质泥岩、泥岩及煤层，厚度41 ~52 m。该地层层序（自下而上）如下：

(1) 中统本溪组 (C_2b)。本溪组的下界以残积相（古风化壳）底面为界，上界则是太原组底部$一_1$煤层或砂岩、砂质泥岩。该组主要由山西式残积铁矿、铝土岩、铝土质泥岩、砂岩、砂质泥岩组成，厚度2.96 ~25.85 m，平均厚度12.5 m，与下伏地层呈平行不整合接触。

（2）上统太原组（C_3t）。太原组的下界以底部一$_1$煤层或砂岩、砂质泥岩为界，上界则以太原组顶部的泥灰岩或菱铁质泥岩的顶面为界，由泥岩、砂岩、砂质泥岩、煤层、石灰岩及硅质泥岩组成，厚度33.9～49.56 m，平均厚度38.00 m。

（三）二叠系（P）

二叠系分布于陕渑煤田，为一套陆相碎屑地层，连续沉积于C_3地层之上，与下伏地层呈整合接触。该系地层层序（自下而上）如下：

（1）下统山西组（P_1s）。该组为主要含煤地层，岩性为砂岩、砂质泥岩及煤层，总厚度53～135 m。自下至上分四段：泥岩、砂质泥岩含煤段（二$_1$煤段），厚度12～22 m；大占砂岩段，厚度16～26 m；香炭砂岩段，厚度6.5～15.6 m；小紫泥岩段，厚度8.62～10 m。

（2）下统下石盒子组（P_1x）。该组以砂锅窑砂岩底界起，上至田家沟砂岩底界止，与下伏P_1s地层呈整合接触。由三煤、四煤（连五煤）、五煤（中三煤）和六煤组层位组成，总厚度119.77～362.28 m。

（3）上统上石盒子组（P_2s）。该组以田家沟砂岩底界起，上至马头山砂岩底界止，与下伏P_1x地层呈整合接触，该组地层明显存在三个沉积旋回，总厚度198 m。

（4）上统石千峰组（P_2sh）。该组与P_2s地层呈假整合接触关系，本组地层分上、下两段，在煤田仅沉积下段即马头山砂岩段岩性为灰黄、灰白、浅肉红色中粗粒长石石英砂岩，底部含石英细砾，呈厚层及巨厚层状，具大型板状交错层理，硅质胶结，局部夹黄绿、紫红色泥岩。本层岩性特征明显，厚度相对稳定，为良好标志层，厚度80～120 m。

（四）三叠系（T）

三叠系地层与下伏二叠系地层呈整合接触，发育中下统及上统。该系地层层序如下：

（1）中下统二马营群（T_{1+2}）：岩性为长石石英砂岩、粉砂岩及细砂岩，厚度609 m左右。

（2）上统延长群（T_3）：下部为长石石英砂岩、粉砂岩；中部为长石石英砂岩夹粉砂岩；上部为中、细粒长石石英砂岩与泥岩、粉砂岩互层。该层厚度1554～1665 m。

（五）侏罗系（J）

该系地层层序如下：

（1）侏罗系中统义马组（J_2y）：岩性为深灰色泥岩、粉砂岩、灰色细砂岩、浅灰色中粒砂岩，夹1～5层煤，底部为灰色砾岩、含砂泥岩、含砾砂岩；厚度0～127.10 m。

（2）侏罗系中统马凹组（J_2m）：岩性主要为紫色泥岩、粉砂岩、灰绿色粉砂岩，其他为细砂岩和杂色砾岩；厚度0～214.73 m，平均183 m。

（3）侏罗系上统（J_3）：岩性主要为一套巨厚冲积扇相砾岩层，砾石主要成分为石灰岩，次之为石英砂岩和石英砾岩，含少量岩浆岩，磨圆度较好。厚0～435.30 m，平均410 m。

（六）白垩系（K）

出露于义马煤田南部边缘一带，与下伏侏罗系不整合接触。该系地层层序如下：

（1）下白垩统（K_1）：岩性以灰白色、粉红色、浅红色凝灰质砂砾岩、砾岩为主，间夹粉砂岩，砾石成分以安山斑岩、角闪正长斑岩为主，次之为石英砂岩及石灰岩，分选差，砾径2～90 mm，砂质充填，砂岩成分为长石及石英碎屑，泥质胶结；厚度46～56 m。

（2）上白垩统（K_2）：岩性主要为红褐色砾岩，砾石成分为

安山斑岩、角闪正煌岩、正长斑岩及杏仁状粗面岩等，夹少量石英砂岩、石英岩、燧石、灰岩及泥岩等，砾径 3 ~ 80 mm，泥质胶结。厚度大于 212 m。

（七）古近系（E）

该系地层在本单元不发育，大部分缺失，仅在盆地区的局部地段沉积，煤田丘陵区基本缺失。上部成岩性差，向下胶结渐好。下部岩性为褐红色钙质砾岩夹紫红色钙质砂砾岩，砂质泥岩、砾岩、含砾砂质泥岩、粉砂质泥岩及细砂岩互层；上部岩性为褐黄色及褐红色含砾砂岩，泥质砾岩、细砂岩、泥质粉砂岩、钙质砂岩及泥岩与粉砂岩互层，疏松砂岩、含砾砂质泥岩等。厚度 0 ~ 100 m。

（八）新近系（N）

该系不发育，局部出露，沉积较薄。下部岩性为浅黄色砾岩、砂砾岩夹砂质泥岩；上部岩性为褐黄色砂质泥岩、泥质砂岩夹砂质砾岩、灰白色疏松砂岩与钙质泥岩或泥灰岩交互沉积，产状近于水平。厚度 0 ~ 60 m。

（九）第四系（Q）

本系不甚发育，仅在山前冲洪积扇及河谷地带沉积较厚，山区及煤田丘陵区变薄，与下伏地层不整合接触，厚度 0 ~ 340 m。

三、区域构造

本区大地构造位置属华北板块崤熊构造区北带西端，南以硖石 ~ 义马逆断层、东北以岸上平移断层、西北的扣门山断层、灰山断层等为界围成一个相对独立的三角形断块，陕渑向斜展布其中，义马向斜不整合于其上（图 2 – 2）。区内构造北东向为主，其次为近东西向、北西向和近南北向（表 2 – 1）。区内不同方向的主要构造分述如下：

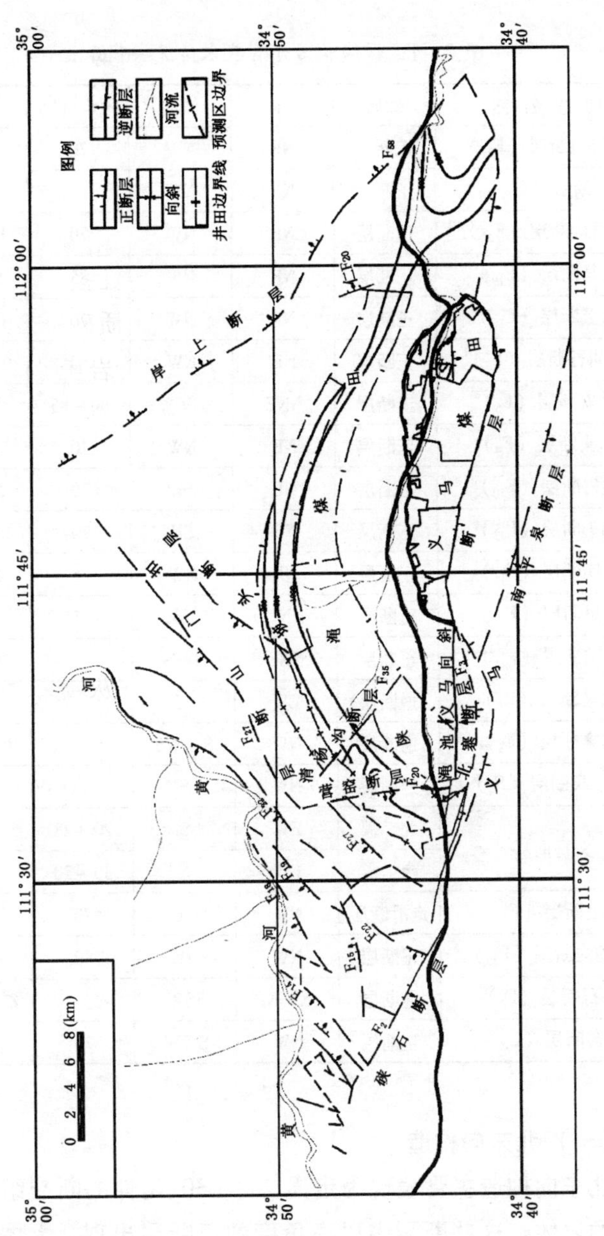

图 2-2　义马煤田区域构造纲要图

表2-1 区域构造发育基本情况一览表

构 造 名 称	性质	走向	倾向	倾角/(°)	落差/m
扣门山断层（F_{27}）	正断层	NE	NW	70	900
坡头断层（仁 F_{20}）	正断层	NE	NW		70~400
煤窑沟断层（F_{22}）	正断层	NE	NW	70	100~400
鹿马断层（F_{19}）	正断层	NE	NW	85	50~600
张上断层（F_{18}）	正断层	NE	NW	70	100~400
瑶胡行断层（F_5）	正断层	NE	NW	80	100~150
大安断层（F_6）	正断层	NNE	NWW	80~85	200
木头断层（F_9）	正断层	NE	NW	70	100~150
侯村断层（F_{10}）	正断层	NE	SE	70	50~200
双头断层（F_{13}）	正断层	NE	SE	70	200~500
东庄断层（F_{14}）	正断层	NE	NW	75	40~800
曲里断层（F_{17}）	正断层	NNE	SEE	75	250
灰山断层（F_{21}）	正断层	NNE	NWW		200~500
义马断层（F_1）	逆断层	EW	SE	15~75	50~500
北寨断层（F_3）	逆断层	NW	S~WS		700~1000
南平泉断层（F_4）	逆断层	NW	S		
义马向斜	北 翼	EW	S	20~28	
	南 翼	EW	N	30~70	
岸上断层（F_{58}）	走滑断层	NW	NE	70	
清杨沟断层（F_{35}）	正断层	NW	NE	80	0~320
硖石断层（F_2）	逆断层	NWW	SSW		800~2000
营窑断层（F_{29}）	正断层	NW	SWW	70	200

（一）北东向构造

北东向构造主要表现为走向20°~30°延伸的断裂组及同向分布的岩体。这些断裂多以高角度的正断层出现，大体平行排

列，致使地层由南东向北西黄河方向呈阶梯状跌落，断层结构面一般呈张性或张扭性，包括扣门山断层、坡头断层、煤窑沟断层、鹿马断层和张上断层等。各断层的基本情况如下：

（1）扣门山断层（F_{27}）位于前岭、扣门山、后地至史家脑一线，延展长度大于 30 km，正断层。断面总体走向 NE，倾向 NW，倾角 70°，落差约 900 m。在扣门山见寒武系与上石盒子组接触，西南段见二叠系与奥陶系、寒武系接触，且有鹿马—柴洼勘探区有钻孔穿过该断层；该断层控制了鹿马—柴洼勘探区的南东边界，使之与观音堂—张村矿区分离。

（2）坡头断层（仁 F_{20}）位于陈村井田、仁村勘探区附近至坡头一带，走向 NE，倾向 NW，倾角较陡，为一正断层。全长大于 20 km，断距 70 ~ 400 m。主要迹象为坡头附近可见 ϵ_2 与 Pt_2^2 直接接触，南西端二$_1$ 煤层露头错位。

（3）煤窑沟断层（F_{22}）位于煤窑沟、瑶院、三教地一线，南受控于硖石断层，北延伸至后窑附近。延展长度约 23 km，正断层。断层面总体走向 NE，局部 NEE 或 NNE，倾向 NW。倾角约 70°，落差 100 ~ 400 m。在小河沟附近见平顶山砂岩顺倾向重复出现，在焦地附近见奥陶系与上石盒子组岩层呈断层接触。

（4）鹿马断层（F_{19}）位于尖疙塔、鹿马一线，延展长度约 13 km，正断层。走向 NE，南西端转为 NNE，倾向 NW，倾角 85°，落差 50 ~ 600 m，在涧底河附近奥陶系与下二叠统接触，在铁炉沟附近奥陶系与上石盒子组接触。

（5）张上断层（F_{18}）位于张上、南崖下一线，延展长度约 12 km，正断层。走向 NE，倾向 NW，倾角 70°，落差 100 ~ 400 m。地表可见北西盘上二叠系与南东盘奥陶系地层接触。

（6）瑶胡行断层（F_5）位于瑶胡行以西，向北过黄河延伸出区外，延伸长度约 8 km，为正断层，走向 N30°E，倾向 N60°

W，倾角约80°，落差100～150 m，地表在瑶胡行以西及黄河以北见老第三系错动，该断层形成于燕山晚期，喜山期复活。

（7）大安断层（F_6）位于大安东，延伸长度约5.5 km，为正断层，走向NNE，倾向NWW，倾角80°～85°，落差200 m左右。地表中段可见西盘上石盒子组与东盘奥陶、石炭系地层接触，南段见老第三系岩层错动。该断层形成于燕山晚期，复活于喜山期，为大安预煤田东部边界。

（8）木头断层（F_9）位于木头沟附近。南端交硖石断层，向北延至大沟底附近消失；延展长度3.5 km，正断层。走向NE，倾向NW，倾角70°，落差100～150 m；地表可见上石盒子组下部地层与石炭系地层接触。

（9）侯村断层（F_{10}）形成于燕山晚期，位于侯村附近，延展长度5 km。正断层，走向NE，倾向SE，倾角约70°。落差50～200 m，由南向北减少。地表露头可见南东盘上石盒子组与北西盘奥陶系地层接触。该断层为侯村井田之西部边界。

（10）双头断层（F_{13}）位于双头附近。延展长度约5 km，正断层。走向NE，倾向SE，倾角约70°。落差200～500 m，由南向北减小。地表侯村沟附近上石炭统与上石盒子组岩层接触。该断层控制了双头预测区的北西边界。

（11）东庄断层（F_{14}）位于东庄至西家岭一线。南端受控于硖石断层，北延至黄河。延展长度约9 km，正断层。走向NE，倾向NW，倾角75°。落差40～800 m，由南向北逐渐减小。地表寒武、奥陶系地层与石炭、二叠系呈断层接触。该断层控制了双头预测区的南东边界，破坏了樱桃山背斜的北西翼。

（12）曲里断层（F_{17}）位于曲里附近，延展长度约4 km，正断层，走向NNE，倾向SEE，倾角75°，落差250 m左右。地表北西盘奥陶系与南东盘山西组及下石盒子组地层接触。该断层

控制了鹿马—柴洼勘探区的西界。破坏了樱桃山背斜的南东翼。

（13）灰山断层（F_{21}）：形成于燕山晚期。位于灰山、白浪一线，过黄河向北北东方向延展，长度约15 km，正断层，走向NNE，倾向NWW，落差200～500 m。南西段见下奥陶统与平顶山砂岩接触。

（二）近东西向构造

区内近东西向构造非常发育，主要由义马向斜褶皱带和其后形成的一系列近东西向断裂所组成，具有分布广、规模大、延续时间长等特点。

1. 主要断裂构造

义马断层（F_{16}）东起常村井田，西至金银山南，延展长度45 km，为逆断层，总体走向近EW，局部NE或NW，倾向S至SE，断层面在坡面上表现为凹向南的弧形，浅部倾角约70°，向深部渐缓至约30°。东段断距较小，向西渐大，可达1000 m以上，西段可见中元古界与上元古界、寒武、奥陶系地层呈断层接触，东段零星露头亦有显示。该断层位于渑池向斜南翼，东段分而复合，中段与北寨断层相交，西段与硖石断层交汇。

北寨断层（F_3）位于义马断层中段的北侧，两端并入义马断层，延展长度约22 km。为逆断层，走向近NW，倾向S～WS，断距约700～1000 m，控制程度较差，西段依零星露头推断，东段据电测深资料确定。该断层控制了英豪井田的南界。

南平泉断层（F_4）位于义马断层之南的南平泉、笃忠一线南侧。西段交于义马断层，东端向东南延伸并隐伏，延展长度大于20 km。该断层为逆断层，走向近NW，倾向S，倾角不清。断层下盘地层近于直立，该断层无工程点控制，系电测深资料推断。

2. 主要褶皱构造

义马向斜褶皱带呈近东西向展现于陕渑义马矿区，走向长约50 km，南北宽约20 km，轴向近EW。向斜两翼由震旦系、寒武系、奥陶系、石炭系及二叠系地层组成，多形成高山峻岭；向斜内部为侏罗系、古近系、新近系及第四系地层，黄土分布较广，地势较为平缓。向斜南翼边缘被走向断裂所切割，致使向斜两翼不对称，北翼平缓、开阔，倾向S，倾角20°~28°；南翼陡立，倾向N，倾角30°~50°，局部直立或倒转。

义马向斜南翼近东西向展布的断裂构造多为大型的压性为主的逆冲断层。

（三）北西向构造

北西向构造区内也很发育，主要指一系列北西向展布的高角度正断层和逆断层，致使北东部地层呈阶梯状下降。该组断裂往往被北东向构造破坏，规模较大的有岸上断层、清杨沟断层、硖石逆断层等。

岸上断层（F_{58}）位于煤田的东部，区域上称岸上—襄郏断层，是华北板块河南构造分区中一条重要构造区划线，为一典型左行走滑断裂，最大走滑距离约17 km，走向NW，倾向NE，倾角近陡立，局部约为70°。两盘错位则是北大南小。区域上和襄郏断裂相连，为嵩箕构造区和崤熊构造区的分界线。该断层也是陕渑煤田岩溶裂隙水的边界断层。

清杨沟断层（F_{35}）位于清杨沟、杨瑶一线，向深部消失，延展长度约11 km，正断层。走向N50°W，倾向N40°E，倾角80°，落差0~320 m。在大坡沟可见二$_1$煤层与奥陶系灰岩接触，清杨沟附近上、下石盒子组间有断层迹象。有多个钻孔对该断层控制。

硖石断层（F_2）位于羊虎山、硖石一线，向东至马鞍山与

义马断层复合，向北西方向延展至会兴镇东。延展长度约30 km，为逆断层，走向 NWW，倾向 SSW，断距 800 ~ 2000 m，地表主要表现为中元古界熊耳群或逆覆于中、下寒武统之上或与上寒武统地层相接触，局部可见熊耳群与奥陶系直接接触。

（四）近南北向构造

近南北向构造区内均有出露，但规模较小，有些被北北东向构造所破坏，断层多展现出不规则状，如营窑断层等。

营窑断层（F_{29}）位于营窑附近。向北延展交扣门山断层，向南经张村交北寨、义马断层。延展长度约 15 km，为正断层。走向为 N12° ~ 20° W，倾向 SWW，倾角约 70°，落差约 200 m。F_{30}断层为F_{29}分支断层，落差约 70 m。断层中部及两端均见有两盘底层明显错动。在甘豪及龙王庙井田有多个钻孔对该断层控制。

第二节　煤 田 地 质

一、义马煤田概况

义马煤田位于河南省西部三门峡市境内，地跨义马市和渑池县。义马煤田整体上呈极不对称向斜构造，北起于煤层隐伏露头，南止于F_{16}逆断层（义马逆断层），东西为沉缺边界。煤田东西走向长 25 km，倾向宽 3 ~ 6 km，面积约 100 km^2。义马煤田所处区域为丘陵、山区地形，属暖温带大陆性季风气候，多年平均降水量 670 mm，涧河、石河等季节性河流从煤田浅部通过。义马煤田现有杨村煤矿、耿村煤矿、千秋煤矿、跃进煤矿和常村煤矿 5 对生产矿井及 1 个露天煤矿——天新公司（原北露天矿）等国营煤矿以及昌平等位于煤田浅部的少数资源整合矿井。310

国道、陇海铁路、连霍高速和郑西高铁等从矿区或其邻近区域穿过，交通运输较为便利，义马煤田井（矿）田分布如图2－3所示。

义马煤田发育中侏罗统义马组煤系，含可采及局部可采煤层2组，共5层，自上而下分别是1煤组的1－1煤、1－2煤，2煤组的2－1煤、2－2煤和2－3煤，累计厚度2.6～64.4 m，平均16.9 m。其中，1煤组主要分布于煤田西部的杨村、耿村两井田；2煤组全煤田分布，2－1煤各井田浅部均有分布，2－2煤主要分布于耿村井田浅部及其西部杨村井田与东部千秋井田相邻的区域，向深部2－2煤、2－1煤相继合并于2－3煤。

义马煤田各煤层煤种均为长焰煤，属易自燃煤层，最短自然发火期7天。煤（岩）组分1煤层以镜煤、亮煤为主；2煤层以亮煤、暗煤、丝炭为主，大部分区域2－3煤上部以亮煤为主，下部以暗煤和丝炭为主。瓦斯类型耿村和千秋两矿为高瓦斯矿井，其余为瓦斯矿井。义马煤田煤层顶、底板以泥岩、砂岩和砾岩为主，矿井（坑）水文地质类型均为中等。当前，义马煤田各矿井均不同程度存在冲击地压危害，其中跃进、千秋两矿的危害最严重。义马煤田地质条件简单，煤层赋存稳定，煤（岩）层倾角最大约20°、最小7°，多数情况下为10°～15°，煤层埋深2～1200 m。煤层赋存条件相对简单，适合机械化开采。

经过数十年大规模开采，义马煤田各煤矿已累计生产原煤约3×10^{9} t，剩余可采储量约1亿吨，已转入后期开采，开采深度持续增加，开采条件趋于复杂，煤矿灾害趋于严重。由于资源枯竭，北露天矿已破产重组，成立了天新煤业公司，原煤年产量近100万t，现已趋于结束。杨村煤矿资源也接近枯竭，原煤年产量已由之前的200多万吨锐减至不足50万t。其他煤矿也均在深部

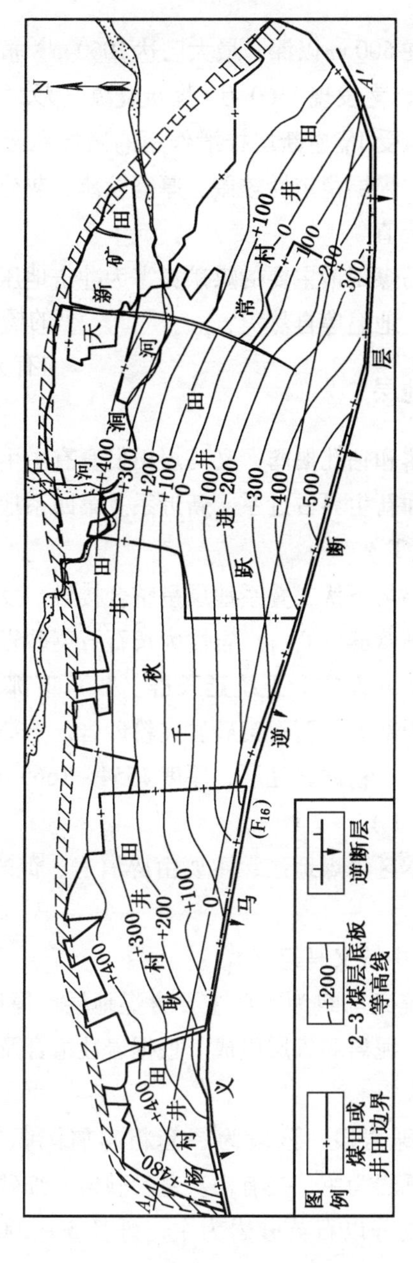

图2-3　义马煤田井（矿）田分布图

开采，采深多在600 m以深，最大已达1060 m。根据补充勘探资料，在F_{16}断层以南发现7360万t煤炭资源，为2－3煤层向南部的延伸区域，虽受F_{16}逆断层推滑作用的破坏和影响，与煤田大部分区域相比，煤层稳定性较差、厚度较薄、灰分增高，但仍具有较高的开采价值。

当前，义马煤田最主要的煤矿灾害为冲击地压，另外还有煤层自燃、瓦斯、地温等自然灾害。

二、煤田地层

据地表出露和钻孔揭露，义马煤田发育有中生界三叠系、侏罗系、白垩系和新生界古近系、新近系及第四系地层。

1. 三叠系(T)

三叠系地层与下伏二叠系地层呈整合接触，发育中下统及上统。中下统二马营群（T_{1+2}）岩性为长石石英砂岩、粉砂岩及细砂岩，厚度609 m左右。上统延长群（T_3）下部为长石石英砂岩、粉砂岩，中部为长石石英砂岩夹粉砂岩，上部为中细粒长石石英砂岩与泥岩、粉砂岩互层，厚度1554～1665 m。

2. 侏罗系(J)

侏罗系为本区含煤地层，主要由碎屑岩、泥岩和煤层组成，分中、上两统。

1）侏罗系中统义马组（J_2^1）

侏罗系中统义马组为本区主要含煤地层，厚度22～127 m，主要由碎屑岩、泥岩和煤层组成。根据岩性组合及含煤特征，由下至上分为3段：

(1) 底部砾岩段。该段为一套粗碎屑沉积物，岩性主要为砂砾岩，以砾岩为主，夹有褐灰色粉砂岩、细砂岩、泥岩及含砾泥岩。砾石成分以石英砂岩为主，砾径5～100 mm，磨圆度

好。平面分布上有较大差异，由砾岩相变为砂砾岩、含砾砂岩或含砾泥岩等。厚层砾岩和薄层砾岩呈带状垂直岩层走向相间分布。

（2）砂岩含煤段（下部含煤段）。含煤3层，统称为2煤组。自下至上为2－3煤、2－2煤、2－1煤。其中2－1煤厚0～9.5 m，平均4 m，全区发育，层位稳定，为主要可采煤层；2－3煤厚0～37.5 m，平均8 m，全区可采；2－2煤层在煤田西部发育，局部可采，3层煤在煤田深部合为一层。全段平均厚度60 m左右。

（3）泥岩含煤段（上部含煤段）。该段由泥岩和煤层组成，间夹薄层细砂岩。下部为灰黑色泥岩，具隐蔽状水平层理，含黄铁矿结核。上部为煤层与细砂岩互层，统称1煤组，含煤2层分别为1－1煤、1－2煤。在2组煤煤层分叉区该段为2－1煤层顶板，在煤层合并区为2－3煤层顶板。全段平均总厚约20 m。

2）侏罗系中统马凹组（J_2^2）

侏罗系中统马凹组假整合于义马组之上，为一套由砾岩、砂岩、砂质泥岩和泥岩等组成的碎屑岩系。厚度0～253 m，平均厚度约166 m，义马煤田马凹组厚度等值线如图2－4所示。受沉积环境差异影响，岩性颗粒由大到小，自东向西由砾岩、砂岩向泥岩过渡。下部岩性以灰白色中细粒砂岩和黄褐色砾岩、砂砾岩为主，夹紫红色及灰绿色砂质泥岩，厚度40 m。中部岩性为青灰色及紫红色细粒砂岩、中粒砂岩与砂质泥岩互层，间夹有透镜状砾岩层，厚度50～80 m。上部岩性为紫红色砂质泥岩夹薄层砂岩、砂砾岩及透镜状砾岩互层为主。砾石成分以石英岩及石英砂岩为主，含有石灰岩及少量泥岩，偶见火成岩，砾径一般5～30 mm，钙质或泥质胶结，厚度一般为60～80 m。

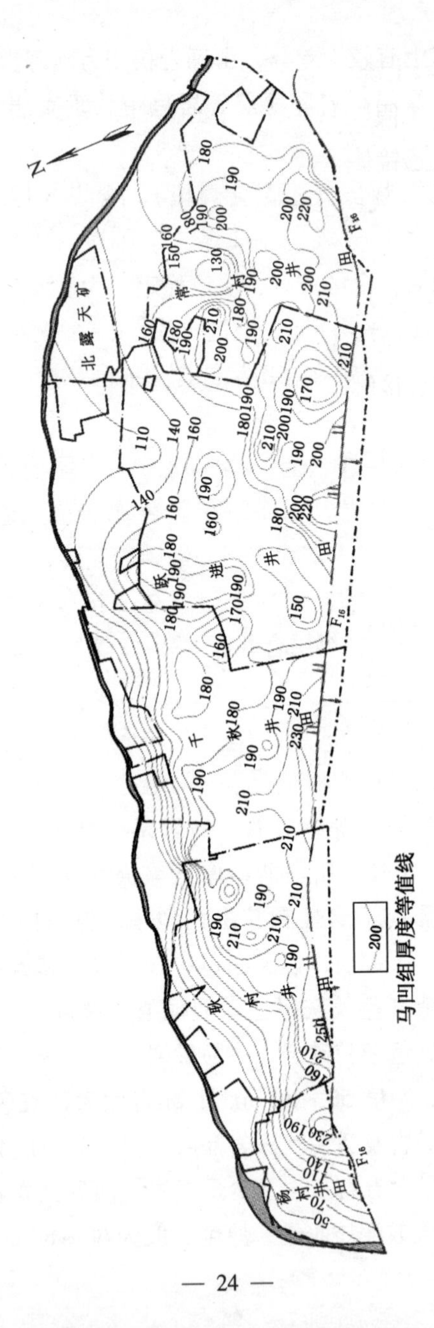

图2-4　义马煤田马凹组厚度等值线图

3）侏罗系上统（J_3）

侏罗系上统假整合于 J_2 地层之上，为巨厚的砾岩，底部夹有砂岩、泥岩透镜体，厚0～435 m，平均厚410 m。砾石成分以石英岩及石英砂岩为主，含有少量的石灰岩，偶见火成岩，分选差，砾径3～90 mm不等，砂质充填，泥质及钙质胶结。

3. 白垩系(K)

白垩系主要位于跃进井田中南部、义马向斜核部一带，与下伏侏罗系不整合接触，该系地层分布如图2－5所示。

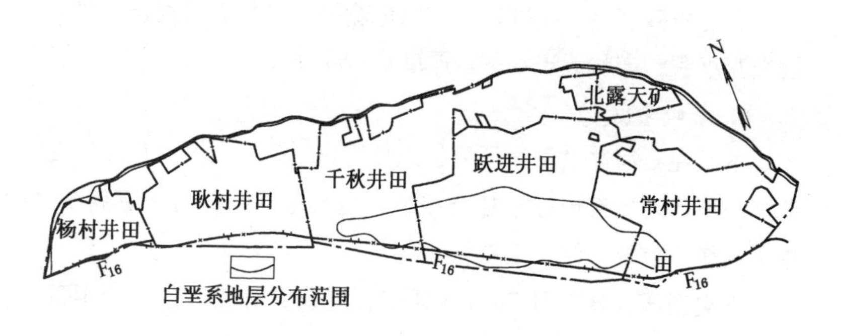

图2－5 义马煤田白垩系地层分布范围

下白垩统（K_1）以灰白色、粉红色、浅红色凝灰质砂砾岩、砾岩为主，间夹粉砂岩。砾石成分以安山斑岩、角闪正长斑岩为主，次为石英砂岩及石灰岩，分选差，砾径2～90 mm，砂质充填。砂岩成分为长石及石英碎屑，泥质胶结。该层厚度46～56 m。

上白垩统（K_2）主要为红褐色砾岩，砾石成分为安山斑岩、角闪正煌岩、正长斑岩及杏仁状粗面岩等，夹少量石英砂岩、石英岩、燧石、灰岩及泥岩等，砾径3～80 mm，泥质胶结。该层厚度大于212 m。

4. 古近系(E)

下部为褐红色钙质砾岩夹紫红色钙质砂砾岩，砂质泥岩、砾岩、含砾砂质泥岩、粉砂质泥岩及细砂岩互层；上部为褐黄色及褐红色含砾砂岩、泥质砾岩、细砂岩、泥质粉砂岩、钙质砂岩及泥岩与粉砂岩互层、疏松砂岩、含砾砂质泥岩等。厚度0～100 m。

5. 新近系(N)

下部为浅黄色砾岩、砂砾岩夹砂质泥岩；上部为褐黄色砂质泥岩、泥质砂岩夹砂质砾岩、灰白色疏松砂岩与钙质泥岩或泥灰岩交互沉积，产状近于水平。厚度0～60 m。

6. 第四系(Q)

本系在石河冲洪积扇及河谷地带沉积较厚，山区及丘陵区变薄，与下伏新近系地层不整合接触。地层由老到新为下更新统、中更新统、上更新统、全新统。

下更新统（Q_1）下部为砂砾卵石层或含砾亚砂土层，上部为黄土状亚黏土或亚砂土层，厚度0～60 m。

中更新统（Q_2）岩性为黄土状亚黏土、亚黏土、古土壤夹多层钙质层，局部见砂砾石透镜体，呈多层叠置结构，厚度0～60 m。

上更新统（Q_3）下部岩性为含砾亚砂土或砂卵石层，上部为砂质亚黏土或亚砂土层，局部为透镜状砂砾石层，厚度0～20 m。

全新统（Q_4）下部岩性为砂、砂砾石、砂卵石层，结构疏松，微含泥质，上部为亚黏土、亚黏土夹透镜状砂砾石层，厚度0～72. 5 m。

义马煤田地层综合柱状图如图2－6所示。

三、煤层特征

义马煤田主要含煤岩系属中侏罗统义马组，共含煤5层，分2组5层，自上而下分别是1煤组的1－1煤和1－2煤，2煤组的2－1煤、2－2煤和2－3煤；2煤组在深部合并，合并区统称为2－3煤。

（一）1－1煤

1－1煤层位于煤系顶部，主要分布在杨村井田和耿村井田西南部，其他区域大面积缺失或零星分布，具体分布范围如图2－7所示。1－1煤煤厚0～3.3 m，平均1.9 m，属半亮型煤。煤层顶板为黑色泥岩，偶夹细砂岩，底板为黑色泥岩。煤层含有夹矸，岩性为泥岩和炭质泥岩。杨村井田内1－1煤层煤厚变异系数为17.2%，可采性指数为1.0，属稳定煤层，含夹矸3～4层，煤层结构从简单到复杂，井田内大部分可采，仅在东北角出现小面积的不可采区。耿村井田内1－1煤层煤厚变异系数为62.38%，可采性指数为0.75，属不稳定煤层，含夹矸0～9层，煤层结构复杂，井田内不可采。

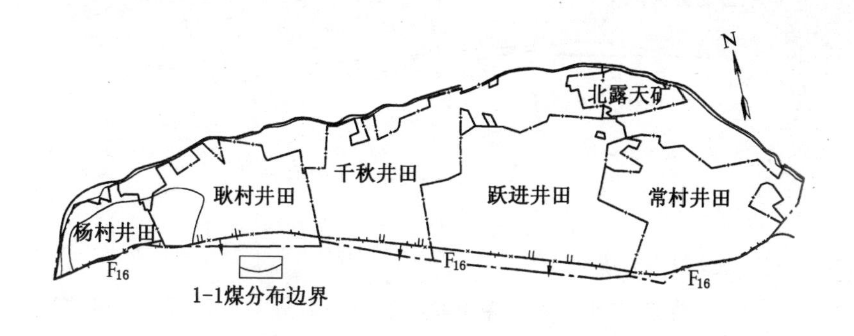

图2－7　义马煤田1－1煤层分布范围

（二）1－2 煤

1－2 煤层位于 1－1 煤下部，距 1－1 煤 0.8～14.2 m，平均 6.9 m，主要分布在杨村井田和耿村井田 45 勘探线以西区域，其他区域零星分布，具体分布范围如图 2－8 所示。1－2 煤煤厚 0～7.9 m，平均 2 m，属半亮型煤，宏观煤岩组分以镜煤为主。煤层顶板为黑色泥岩，一些地段相变为砂质泥岩或砂砾岩，底板为黑色泥岩。煤层含有夹矸，岩性多为泥岩和炭质泥岩。杨村井田内 1－2 煤层煤厚变异系数为 44.1%，可采性指数为 1，属不稳定煤层。煤层含夹矸 1～3 层，结构复杂，井田内普遍可采。耿村井田内 1－2 煤层煤厚变异系数为 49.49%，可采性指数为 0.79，属不稳定煤层，煤层含夹矸 0～4 层，夹矸层位较稳定，横向上变化不大，属简单至复杂结构。该煤层在井田内大部分可采。

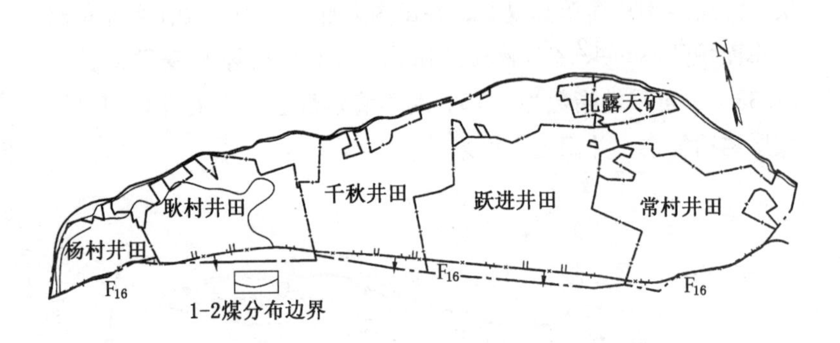

图 2－8　义马煤田 1－2 煤层分布范围

（三）2－1 煤

2－1 煤层位于 1－2 煤下部，距 1－2 煤 0～47.7 m，平均 21.7 m。该煤层在煤田内发育较稳定，主要分布在煤田北部地区，南部及东部与 2－3 煤合并，具体分布范围如图 2－9 所示。

2－1 煤属于半亮型煤，宏观煤岩组分以镜煤和亮煤为主，煤厚 0～9.5 m，平均 4 m。煤层顶板为黑色泥岩，底板为泥岩、砂质泥岩和灰色中细粒砂岩。煤层含有夹矸 0～5 层，平均 3 层，岩性为泥岩、砂岩和含砾砂岩，夹矸在层位和横向上较为稳定，属简单至复杂结构。该煤层在煤田范围内属稳定和较稳定煤层，全区可采。

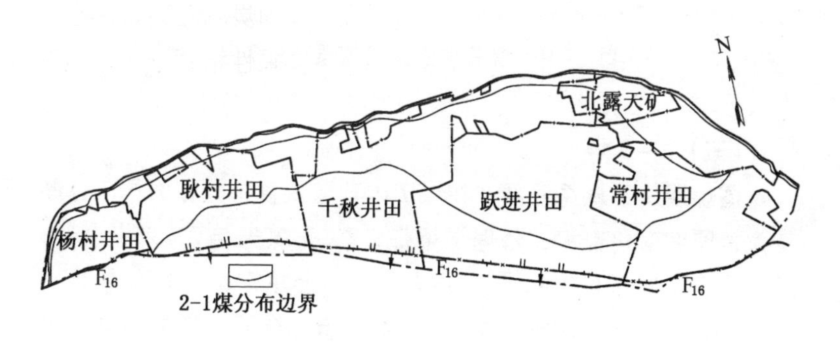

图 2－9　义马煤田 2－1 煤层分布范围

（四）2－2 煤

2－2 煤层位于 2－1 煤下部，距 2－1 煤 20～48 m，平均 35 m。该煤层主要分布在耿村井田北部，在杨村井田和千秋井田西部有局部发育，随埋深增加，2－2 煤与下部的 2－3 合并为一层，合并后煤层称为 2－3 煤，具体分布范围如图 2－10 所示。2－2 煤属半亮型煤，宏观煤岩组分以镜煤为主，煤厚 2.6～6.2 m，平均 3.9 m。煤层顶板为粉砂岩，部分区段为泥岩，底板为细砂岩。煤层含有夹矸 0～5 层，平均 3 层，岩性为泥岩，夹矸分布极不稳定，属复杂结构。耿村井田范围内，该煤层属较稳定煤层，大部分可采。杨村井田和千秋井田范围内该煤层为局部可采。

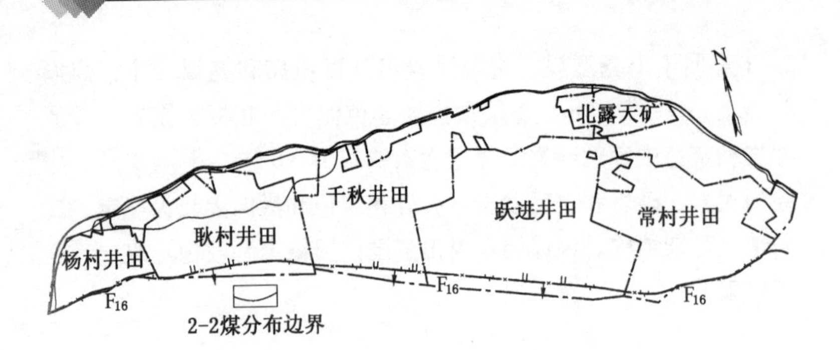

图2-10　义马煤田2-2煤层分布范围

（五）2-3煤

该煤层位于煤系底部，在煤田内普遍发育，分布面积广，厚度大，厚度变化也大，随埋深增加，2-3煤先与2-2煤合并，后在煤田深部又与2-1煤合并为一层，合并后煤层统称为2-3煤，2煤组合并线平面图如图2-11所示。煤层分叉的标准为煤层中存在厚度大于500 mm的夹矸，2-1煤和2-3煤之间虽然存在夹矸，但厚度多在1~3 m之间，平均2 m左右，在本书中将该区域作为2-1煤和2-3煤的近合并区。

该层煤厚0~37.5 m，平均8 m，属半亮-暗煤型煤，宏观煤岩组分以暗煤和丝炭为主。煤层顶板为细砂岩，在煤田深部与2-1煤合并后顶板为黑色泥岩。底板为炭质泥岩、煤矸互层、含砾黏土岩或底砾岩。煤层含有夹矸0~12层，平均5层，岩性多为泥岩或炭质泥岩，属复杂结构。该煤层属较稳定和不稳定煤层，煤田范围内全区可采。

煤厚变化存在着东西分区、南北分带的特点。从东西方向上看，煤田西部东村矿，槐树凹一带煤层发育好；东部张大池、坡头村一带煤层发育较好；中部山韭沟至范洼一带煤层发育较差。从南北方向上看，由北往南煤层厚度逐渐增大。厚煤区和巨厚煤

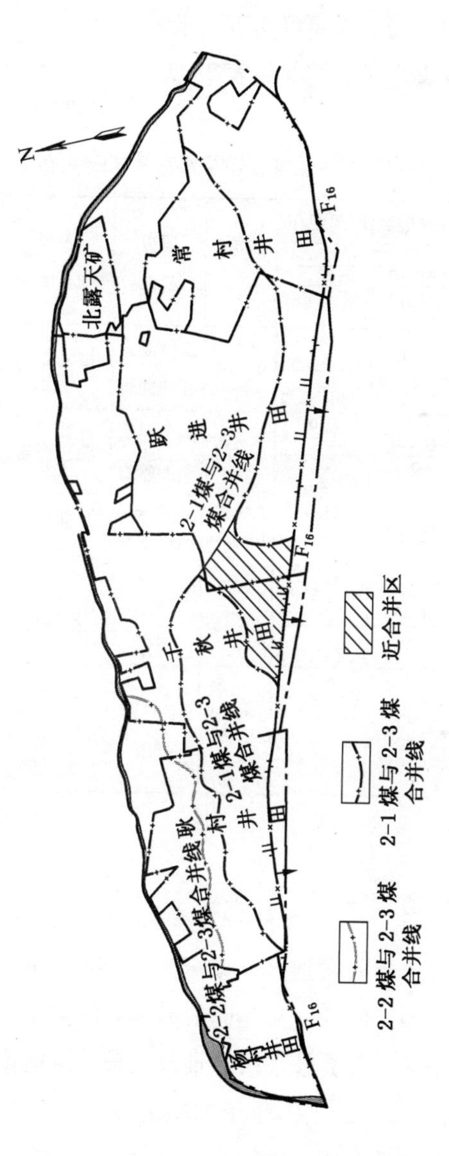

图2－11　义马煤田2煤组合并线平面图

区主要发育在煤田的南部，尤其在煤层合并区，由于受逆冲推覆构造的推挤作用，局部煤厚可达百余米。

义马煤田各煤层发育情况见表2-2。

表2-2 义马煤田各煤层发育情况一览表

煤层名称	厚度/m 两极值/平均值	夹矸层数 两极值/平均值	层间距/m 两极值/平均值	倾角/(°)	顶板岩性	底板岩性	煤层稳定性	可采程度
1-1煤	$\frac{0\sim3.3}{1.9}$	$\frac{0\sim9}{3}$	$\frac{0.8\sim14.2}{6.9}$	9~14	黑色泥岩夹细砂岩	黑色泥岩	较稳定	局部可采
1-2煤	$\frac{0\sim7.9}{2}$	$\frac{0\sim4}{2}$	$\frac{0\sim47.7}{21.7}$	8~15	黑色泥岩夹细砂岩	黑色泥岩	不稳定	局部可采
2-1煤	$\frac{0\sim9.5}{4}$	$\frac{0\sim5}{3}$	$\frac{20\sim48}{35}$	10~14	黑色泥岩	泥岩 细砂岩	稳定 较稳定	普遍可采
2-2煤	$\frac{2.6\sim6.2}{3.9}$	$\frac{0\sim5}{3}$	$\frac{0.8\sim26.5}{6.7}$	6~15	粉砂岩 泥岩	细砂岩	不稳定	局部可采
2-3煤	$\frac{0\sim37.5}{8}$	$\frac{0\sim12}{5}$		6~14	细砂岩 泥岩	炭质泥岩 煤矸互叠层 底砾岩	较稳定 不稳定	全区可采

四、煤田构造

义马煤田属于崤熊构造区，该区发育褶皱、逆冲推覆构造，变形机制为挤压型。渑池—义马向斜为本区的主要构造单元，向斜南翼直立至倒转，北翼较平缓，轴部发育一逆掩推覆断层—义马（F_{16}）断层。煤田的主体位于向斜北翼，其形态基本为一向南倾的单斜，走向近东西，地层产状平缓。下面介绍一下煤田内

部主要构造。

（一）褶皱构造

义马向斜位于常村井田—杨村井田一线，延伸长度达 25 km，宽约 20 km。轴向近东西，为向东倾伏的不对称向斜。南翼被义马断层破坏，地层走向 N75°W，倾向 NE，受断层破坏强烈，老地层逆掩其上；北翼发育完全，地层走向 N60°～75°W，倾向 SW，倾角 15°～20°。

（二）断裂构造

1. 义马逆断层（F_{16}）

义马逆断层位于义马向斜南翼，东起常村井田，西至杨村井田，延展长度近 25 km，总体走向近东西，倾向南，断层面在坡面上表现为凹向南的弧形，浅部倾角约 70°，向深部渐缓约 30°，断距 500～1000 m。

2. F_{5102} 断层

F_{5102} 断层见于杨村井田 13 区轨道运输巷，为张扭性正断层。走向 355°，倾向南西西，倾角 72°，落差 0～17 m，上盘为 1－1 煤，下盘为 1－2 煤。

3. F_{5101} 断层

F_{5101} 断层为杨村井田与耿村井田的边界断层，为一正断层，断层走向 NNW，倾向 SWW，倾角一般大于 80°。北自煤层露头边界至井田南部边界，全长约 2 km，杨村煤矿 13 区轨道运输巷、耿村煤矿 12081 工作面开切眼见该断层，落差 21 m。

4. F_{5103} 断层

F_{5103} 断层见于杨村井田 13 区轨道运输巷及 15 区探巷等点，为张扭性正断层。走向 31°，倾向南东东，倾角 45°，落差 0～14.5 m，向南延伸落差减小，至 5205 孔附近为 6.2 m，断层性质为正断层。

5. F_{3-9}断层

F_{3-9}断层位于千秋井田姚四采区与西部耿村井田边界间，为一正断层，走向3°~21°，倾向北偏西，倾角47°~84°，落差0~42 m。断层倾角由浅部到中部逐渐变缓，落差由浅部到中部逐渐增大，该断层两盘发育一系列与之平行的小断裂，倾向相同或相反，落差一般小于2 m，在其东西两侧约400 m范围内构成密集破碎带。

6. F_{3-3}断层

F_{3-3}断层为北北东向张性断裂，走向10°，倾向北偏西，倾角75°，落差0~26 m。为老井与新井田自然分界，贯穿千秋井田和跃进井田东部。该断层由浅部向深部落差变小，倾角自上而下逐渐增大，在主断层两盘伴生数条同一性质的小断层，与主断层走向大致平行。

7. F_8 断层

F_8 断层浅部为千秋矿和北露天矿2905号钻孔穿过，中深部为跃进和常村井田的自然边界，为正断层，走向12°~20°，倾向WN，倾角60°~70°，落差0~50 m，延伸长度约1000 m。

8. F_{8-1}断层

F_{8-1}断层在F_8断层东侧，浅部交于F_8，据常村井田22盘区两侧工作面控制，走向近南北，倾向西，倾角75°左右，落差10~55 m。向深部的延展情况有两种可能，一种可能是受F_3断层限制，另一种可能是切割F_3断层后延入跃进井田，推测可能的落差为0~30 m。

9. F_3 断层

F_3 断层斜切于常村井田中西部，为一正断层，走向65°~80°，倾向155°~170°，倾角70°~80°，走向延展长度大于3500 m，落

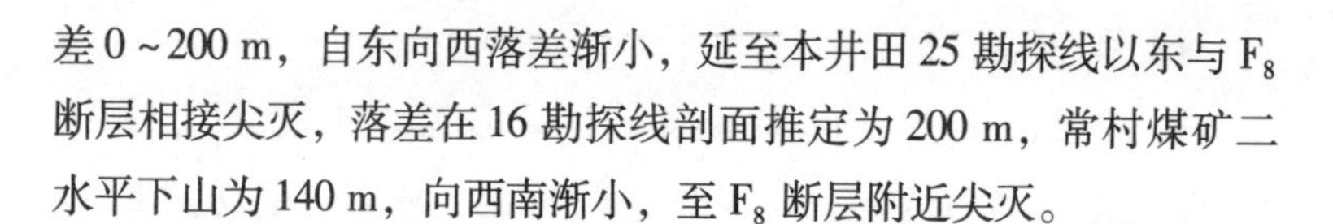

差0～200 m，自东向西落差渐小，延至本井田25勘探线以东与F_8断层相接尖灭，落差在16勘探线剖面推定为200 m，常村煤矿二水平下山为140 m，向西南渐小，至F_8断层附近尖灭。

10. F_{2-16}断层

F_{2-16}断层位于跃进井田的西部边缘，走向0～355°，倾向W，倾角80°，落差0～12.5 m，自北向南进入井田，尖灭于一水平，井田内延伸长度约950 m，实际揭露落差0～5 m。与F_{2-15}断层为一断层组，倾向相同，构成台阶状构造。

11. F_{2-4}及F_{2-3}断层

F_{2-4}及F_{2-3}断层位于跃进井田内。F_{2-4}断层位于跃进井田中部，为一正断层，走向10°～355°，倾向西北，倾角70°～75°，落差7～22.9 m。

F_{2-3}断层位于跃进井田30勘探线以西浅部，为一正断层，走向10°～18°，倾向280°～288°，倾角75°～80°，落差为19～25.9 m，延伸长度约2850 m。

12. F_{16-1}断层

F_{16-1}断层平面上位于F_{16}断层之南、剖面上位于F_{16}断层之上、向深部归并于F_{16}断层，为F_{16}断层分支断裂，井田内延展长度大于4000 m。该断层为逆断层，其走向、倾向同于F_{16}断层、倾角20°～60°，落差自14线的100 m左右向东逐渐减小，至5线尖灭。在6线剖面因分岔合并形成构造透镜体。该断层为8孔穿过，落差依据地层重复推定，基本可靠。

13. F_1断层

F_1断层位于常村井田F_3断层北侧，东端与F_3断层相交，为一正断层，走向北东85°，倾向南偏东，落差0～50 m，延伸长度2800 m，向西延至常村井田二二盘区皮带巷尖灭。

14. F_4 断层

F_4 断层位于 18、17 两勘探线间之浅部，走向 27°，倾向 NWW，落差 75 m 左右，向深部受 F_1 限制，亦有可能切割 F_1 及 F_3 下延，可能的落差为 25 m 左右。

在区域范围内，义马煤田东北部为 NW 向岸上断层，西部为 NE 向扣门山断层，南部为硖石～义马逆断层，再往南为南平泉逆断层。义马煤田在 NW 向和 NE 向两组断层之间，为南平泉逆断层和硖石义马逆断层的向北推覆所致，硖石～义马逆断层切割白垩系地层，又被新第三系地层覆盖，说明是燕山晚期板内压缩机制的产物。在煤田范围内，义马煤田整体上呈极不对称向斜构造，该向斜为一长轴近东西、短轴近南北、长短轴之比大于 5 的线性褶皱，其展布形态表明近南北向的挤压外力为煤田的主应力，而位于煤田南部的 F_{16} 逆冲断层进一步表征了由南而北的推覆作用。义马煤田在近 SN 向的挤压力作用下形成，必然导致近 EW 向的张力，产生大量近 SN 向的张性裂面，同时亦应有 NE 及 NW 二组剪裂面的产生。这些断层后来在南部 F_{16} 断层的侧向挤压下，越靠近 F_{16} 断层的区段越接近 EW 方向，最终形成目前的构造形态（图 2－12）。

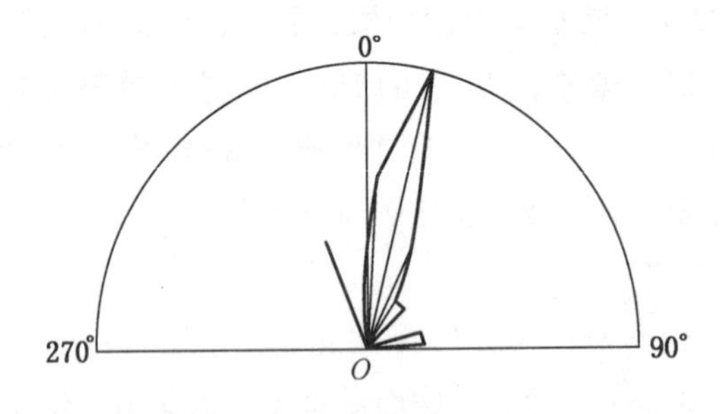

图 2－12　义马煤田断层走向玫瑰花图

义马煤田断层发育基本情况见表2－3，构造纲要如图2－13所示。

表2－3　义马煤田断层发育基本情况一览表

构造名称	性 质	走 向	倾 向	倾角/(°)	落差/m
F_{16}	逆断层	EW	S	15～75	50～500
F_{5102}	正断层	NNW	SWW	72	0～17
F_{5101}	正断层	NNW	SWW	87	0～32
F_{5103}	正断层	NE	SEE	45	0～14.5
F_{3-9}	正断层	NNE	NW	47～84	0～42
F_{3-7}	正断层	NNW	NW	20～75	0～6.3
F_{3-6}	正断层	NNW	NW	50～80	0～7.4
F_{3-5}	正断层	NNE～NE	NW	45～75	0～10
F_{3-3}	正断层	NNE	NW	75	0～26
F_8	正断层	NNE	WN	65～70	0～50
F_{8-1}	正断层	SN	W	75	10～55
F_3	正断层	NE～NEE	NW～NWW	70～80	0～200
F_{2-16}	正断层	NNW	W	80	0～12.5
F_{2-8}	正断层	NEE	NNW	70～80	5～16
F_{2-4}	正断层	NNW	NW	70～75	7～22.9
F_{2-3}	正断层	NNE	NWW	75～80	19～25.9
F_{16-1}	逆断层	EW	S	20～60	0～100
F_1	正断层	NE	SE	68～79	0～50
F_4	正断层	NE	NWW		75

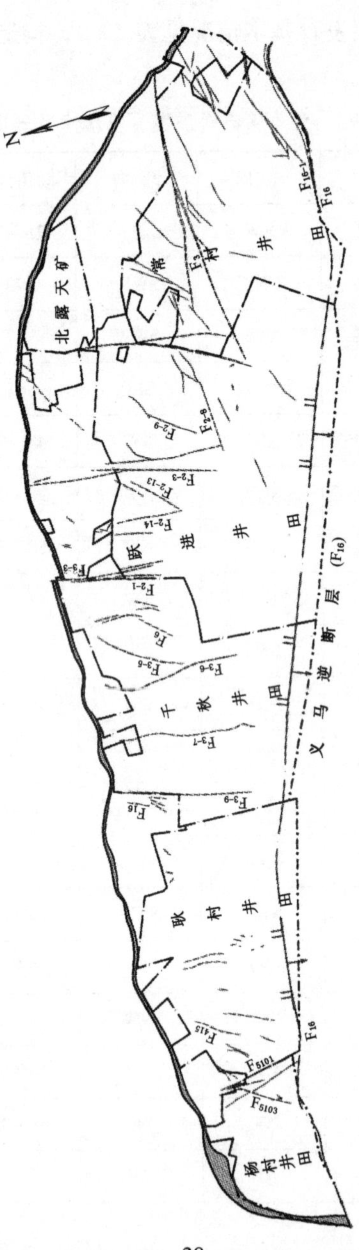

图2-13　义马煤田构造纲要图

五、义马盆地演化

义马盆地位于崤熊构造区西北部，发育在三角形的渑池义马断块之上，义马盆地构造纲要如图2－14所示，该断块被近东西向、北西向和北东向等三组断裂围限，即东北部的岸上断层（走向北西）、西北部的扣门山断层（走向北东）和南部的南平泉断层（走向近东西）。这三条断层均为区域性断层，特别是南部的硖石—义马断层和东北部的岸上断层，具长期活动历史，对义马成煤盆地的形成和演化起了决定性的控制作用。

渑池义马断块总体表现为南倾的单斜构造，在东西两端断裂交汇处，内侧岩层沿两组断裂走向发生弯曲。断块中段南部的下降幅度最大，义马盆地即发育于此处。

沿东西向硖石—义马逆冲断层发育的义马成煤盆地萌生于三叠纪末期，结束于白垩纪末期。印支期板块碰撞产生的南北挤压应力奠定了区域断块构造格架，构成盆地发育的基础，燕山期多次构造运动决定了盆地的兴衰。断凹陷盆地的形成提供了早侏罗世聚煤的场所，成煤期同沉积构造和沉积环境决定了富煤带的展布；成煤期后盆地构造的继承性发展使煤系和煤层得以较好保存。

依据区域构造演化及义马盆地层序地层特征，将义马盆地的演化分为早期扩张沉降阶段和中晚期萎缩隆升阶段。

（1）早期扩张沉降阶段即义马组含煤岩系沉积阶段，从沉积层序分析，是由低位体系域、湖侵体系域和高位体系域组成的一个典型三级层序。

义马盆地形成的早期，即在印支运动末期、三叠系地层抬升并经短暂风化剥蚀后，盆地东北和西北部边界断层活动强烈，南部边界断层活动微弱；南平泉断层、岸上断层和扣门山断层构成

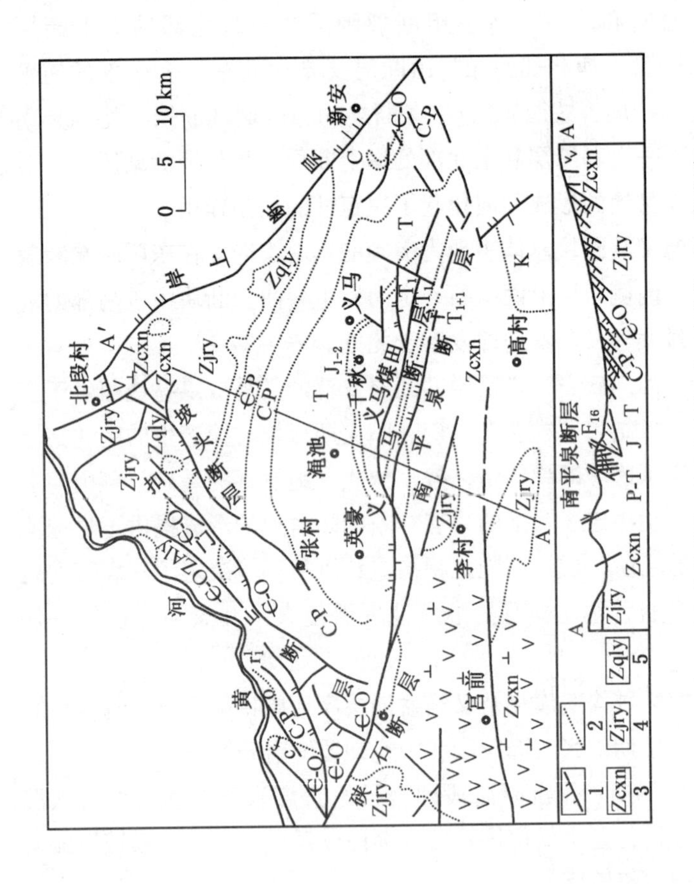

1—断层；2—地层界线；3—熊耳群；4—汝阳群；5—洛峪群

图2-14　义马盆地构造纲要图

的三角形断块开始沉降，北部基底沉降较迅速，南部基底沉降相对较缓慢。形成了基底南高北低的断凹陷盆地，进而发育了河流、湖泊相沉积。

义马组底部砾岩段（低位体系域）沉积期的古地理单元以冲积扇为主，沉积中心靠近东北部，由北向南、西南方向逐渐隆起。盆地物源来自于陕渑义马盆地北部、东北部、西北部，碎屑供应以砾岩、砂岩为主。

义马组中部含煤段（湖侵体系域）沉积期的古地理单元主要发育冲积扇、下三角洲平原、上三角洲平原、水下三角洲。沉积中心靠近义马煤田北部，由北向南方向逐渐隆起。盆地物源来自陕渑义马盆地北部和西北部，碎屑供应以砂岩为主。三角洲平原是该期最主要的古地理单元，冲积扇主要发育在盆地北部，与物源供给一致。湖侵方向主要来源于盆地西南、南方向。湖侵体系域是义马中生代盆地的主要成煤期，形成了2－3煤层、2－2煤层和2－1煤层，湖侵体系域有两个聚煤中心，第一个聚煤中心位于义马煤田南部的槐树凹以东地区，第二个聚煤中心位于研究区东部坡头村以北地区。总体上煤层厚度变化存在东西分区、南北分带的特点。

义马组上部泥岩段（高位体系域）沉积期的古地理主要发育湖泊。盆地湖泊相位于义马煤田南部，总体上以滨浅湖相沉积为主。沉积中心靠近西部和东部，盆地物源来自陕渑义马盆地北部、东北、东南方向，湖侵来源于南部。在滨浅湖地带也有煤层发育（1－2煤层、1－1煤层），但是高位体系域的煤层发育强度明显弱于湖侵体系域。

总之，在义马组地层沉积期间，义马盆地主要受岸上断层和扣门山断层活动的控制。随着盆地充填过程的进行，这两条断层的活动逐渐减弱，而南平泉断层的活动从上部泥岩段沉积期开始明显增强。随着三角形断块的基底不断沉降，冲积扇沉积体系的粗碎屑堆积不断向北撤退，沼泽、泥炭沼泽及半深水湖泊沉积不断向北扩展，从而表现出盆地沉积中心不断向北迁移、不断向北扩张的发展过程。

（2）中晚期萎缩隆升阶段即盆地充填抬升阶段。自中侏罗系马凹组沉积期开始到白垩末期，义马盆地充填特征与义马组沉积期明显不同。

中侏罗系马凹组、上侏罗统及白垩系沉积期古地理单元以冲积扇为主，沉降中心靠近盆地南部，物源区主要来自盆地南部，沉积物中含有大量震旦系地层中的岩浆岩砾石，属近源沉积。马凹组厚度等厚线图显示出冲积扇由南部边界向盆地推进的特点。

中晚侏罗世及白垩纪时期，受燕山运动的影响，盆地转入整体上升隆起的发展过程。此时，岸上断层及扣门山断层基本上停止活动，而位于盆地南部的东西向义马硖石断层强烈活动，南部隆起区强烈上升，断层以北的下降盘一侧由于上升较缓慢而形成山前平原环境，南部隆起区的剥蚀产物向北倾泻，在山前平原地带形成大面积的类磨拉石沉积，盆地北部的义马组煤系可能从此开始遭受剥蚀。由于这一时期沉积作用迅速，促使易风化的砾石因迅速掩埋而保存下来。从中侏罗马凹组、上侏罗统到白垩系，砾岩中岩浆砾石越来越多，这是因为剥蚀和堆积速度不断加快造成的，是断裂活动不断增强、南部隆起区上升速度逐渐增大的结果。

在义马盆地下白垩统中形成的凝灰质砂砾岩堆积，说明曾有火山喷发，进而也证明周边断裂带的活动性。

上述分析可知，义马盆地属山间断凹陷盆地，形成于中生代晚期。侏罗系、白垩系地层沉积在经短期风化剥蚀的上三叠系地层上，发育在由东、西、南三条断层构成的三角形渑池义马断块

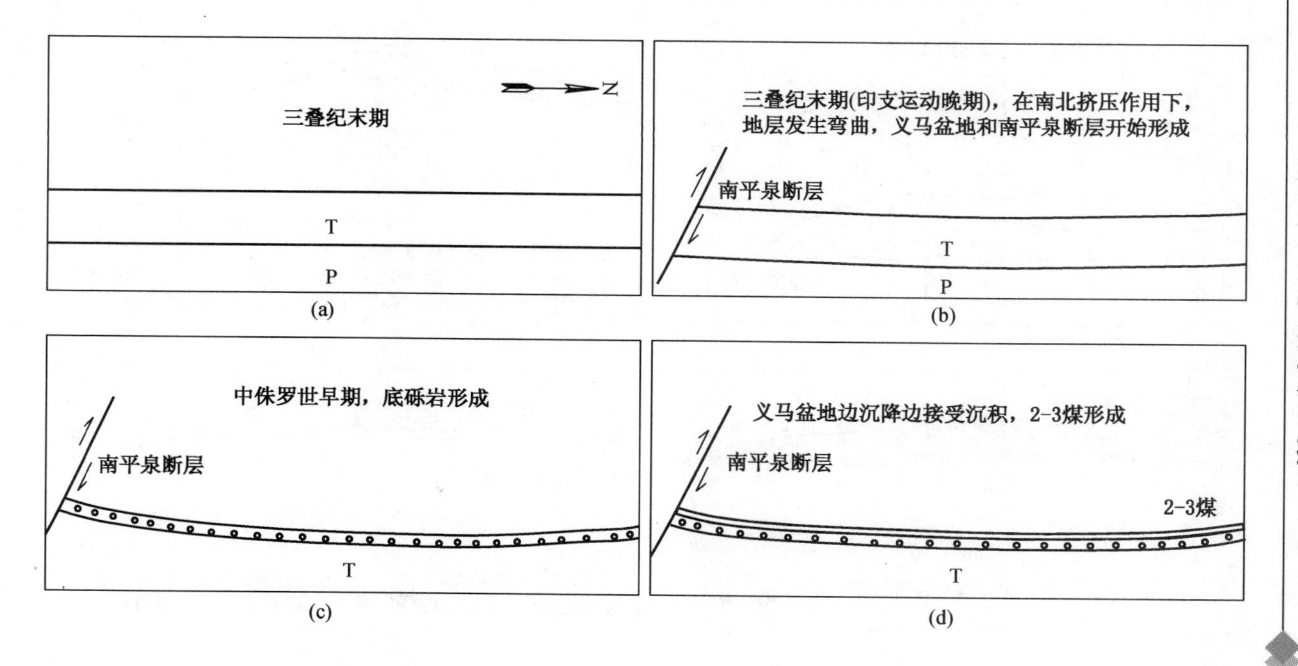
三叠纪末期
N
T
P
(a)
三叠纪末期(印支运动晚期)，在南北挤压作用下，
地层发生弯曲，义马盆地和南平泉断层开始形成
南平泉断层
T
P
(b)
中侏罗世早期，底砾岩形成
南平泉断层
T
(c)
义马盆地边沉降边接受沉积，2-3煤形成
南平泉断层
2-3煤
T
(d)

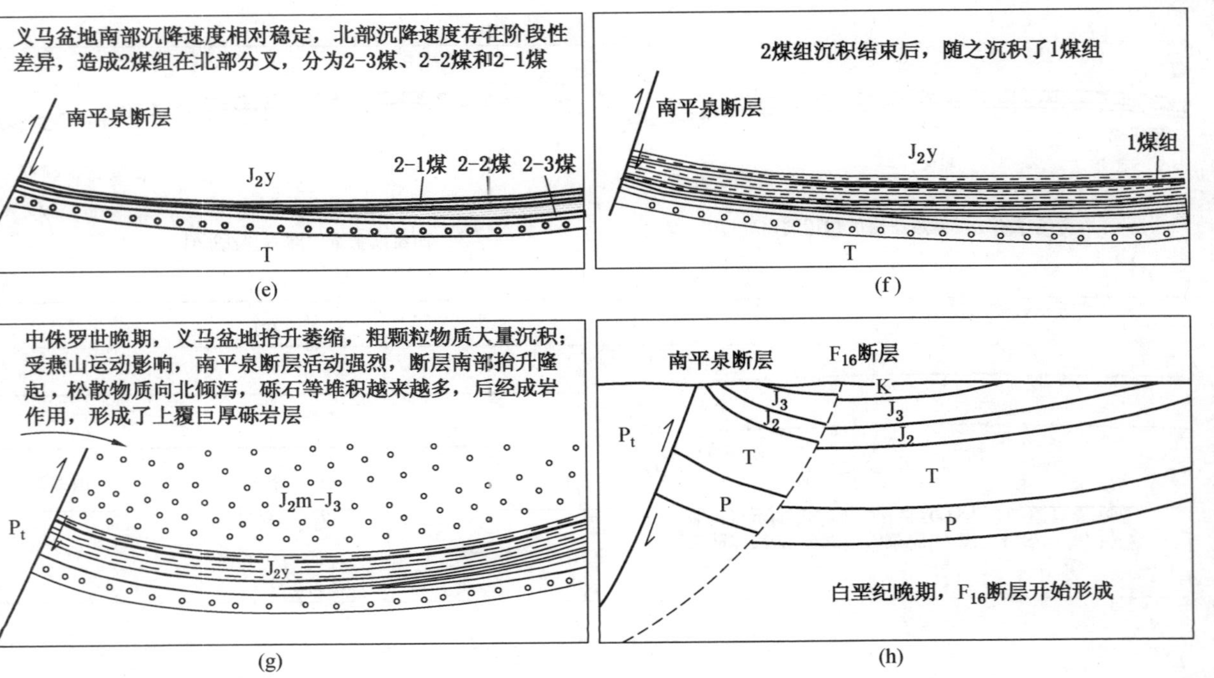

义马盆地南部沉降速度相对稳定，北部沉降速度存在阶段性差异，造成2煤组在北部分叉，分为2-3煤、2-2煤和2-1煤
南平泉断层
J_2y
2-1煤
2-2煤
2-3煤
T
(e)
2煤组沉积结束后，随之沉积了1煤组
南平泉断层
J_2y
1煤组
T
(f)
中侏罗世晚期，义马盆地抬升萎缩，粗颗粒物质大量沉积；受燕山运动影响，南平泉断层活动强烈，断层南部抬升隆起，松散物质向北倾泻，砾石等堆积越来越多，后经成岩作用，形成了上覆巨厚砾岩层
P_t
J_2m-J_3
J_2y
(g)
南平泉断层
F_{16}断层
K
J_3
J_2
P_t
T
P
白垩纪晚期，F_{16}断层开始形成
(h)

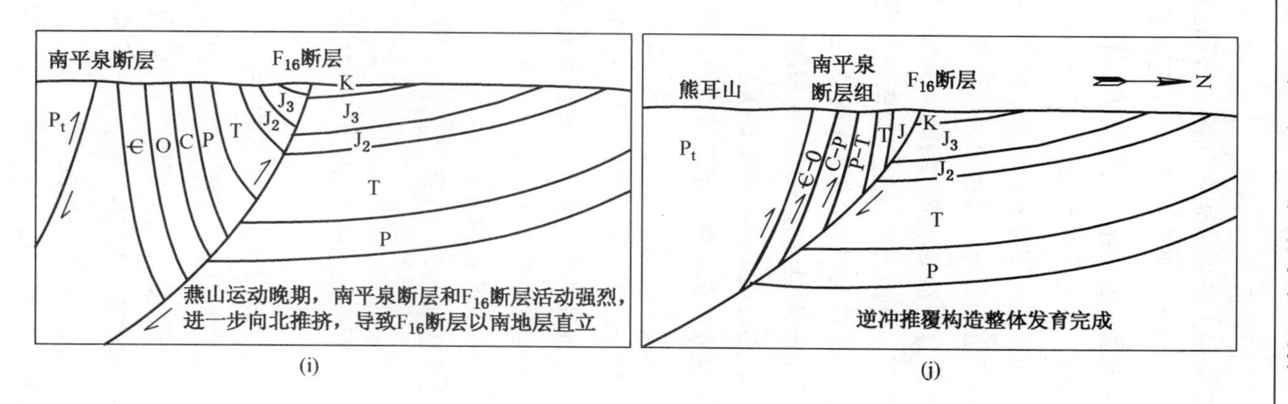

图 2-15 义马盆地演化示意图

上，受控于东北部的岸上断层（走向北西）、西北部的扣门山断层（走向北东）和南部的南平泉断层（走向近东西）。中侏罗统义马组为主要含煤地层，也是盆地的发育扩张期，古地理单元及沉积相主要为冲积扇、下三角洲平原、上三角洲平原、水下三角洲和滨浅湖、半深湖。盆地物源来自北部，碎屑供应以砂岩、砾岩为主。盆地湖泊相位于南部，总体上以滨浅湖、半深湖相沉积为主；冲积扇主要发育在盆地北部，与物源供给一致。湖侵方向主要来源于盆地西南、东南方向。中侏罗统马凹组至下白垩统，是盆地的萎缩抬升期，古地理单元以冲积扇为主，沉降中心靠近盆地南部，物源区主要来自盆地南部，沉积物主要是砂岩、砾岩，靠近南部断层，形成类磨拉石建造的沉积特征。

构成陕渑义马盆地的东、西、南三条边界断层，均具有长期活动的历史。其中盆地南部边界的硖石—义马断层在燕山晚期活动更为强烈，其断裂活动不但对盆地的发展演变起着直接的控制作用，而且对义马盆地现存构造形态的形成具有决定性的影响。不但使义马盆地形成目前的构造形态，渑池向斜定型，而且也在煤田内形成大规模的逆冲推覆构造。

义马盆地演化示意如图 2 - 15 所示。

第三节　义马煤田生产概况

义马煤田分布有杨村煤矿、耿村煤矿、千秋煤矿、跃进煤矿和常村煤矿 5 对井工开采煤矿和 1 个露天矿—天新公司（原北露天矿）；煤田浅部曾分布数百个小煤矿（窑），现绝大部分已停产报废，仅有昌平煤矿等个别煤矿尚在生产。现将 5 对生产矿井、露天煤矿以及浅部小矿开采情况等做下介绍。

一、杨村煤矿

杨村煤矿位于义马煤田西部，北部、西部以煤层露头线为界，南部以 F_{16} 断层及2－3煤层向斜轴为界，东部以 F_{5101} 断层为界与耿村井田毗连，井田面积约4.3 km²。开采标高＋520～＋200 m，最大采深470 m。杨村煤矿由原义马矿务局设计，1970年6月19日动工建井，1975年10月1日投产。设计生产能力60万t/a，技术改造后产量达120万t/a，2006年核定生产能力170万t/a。矿井含煤5层，自上而下为1－1煤、1－2煤、2－1煤、2－2煤、2－3煤，属长焰煤种，其中普遍可采的为1－2煤、2－1煤、2－3煤。1－1煤大部分可采，2－2煤局部可采。其中，1－1煤、1－2煤含夹矸1～4层，夹矸多为炭质泥岩或泥岩；2－1煤、2－3煤含夹矸0～11层，夹矸多为砂岩、泥岩和炭质泥岩，其中2－1煤夹矸为含砾砂岩，较坚硬。煤层易自燃，煤尘具有爆炸性。

矿井开拓方式为一对斜井单水平上下山盘区式开拓，采煤方法根据各煤层厚度采用单一走向长壁式或倾斜分层走向长壁式开采。采煤工艺以综采为主，炮采次之。顶板为陷落法管理。通风方式采用抽出式。2013年矿井瓦斯等级鉴定为瓦斯矿井。

现矿井剩余可采储量271万t，剩余服务年限1.1年，现生产区域集中在13采区，并着手边角资源开采和废弃煤柱回收工作。现井田内正规工作面回采即将结束，已无正规工作面布置，目前正开展 F_{16} 断层的探查、断层以南煤炭资源勘探和矿井扩边等工作。

杨村煤矿近几年在13采区靠近 F_{16} 断层附近曾发生多起冲击地压事件，但破坏较轻。总体上，杨村煤矿受冲击地压危害较小。

二、耿村煤矿

耿村煤矿位于义马矿区中西部，北起煤层露头线，南止于F_{16}逆断层，东以41勘探线东200 m与千秋矿和跃进矿为界，西部以F_{5101}断层为界与杨村矿相接。东西走向长4.5 km；南北倾向宽2.6 km，井田面积11.5 km^2。开采标高+550～-220 m，最大采深700 m。

耿村井田在勘探期间为杨孟井田的一部分，因兴建于耿村而相应得名。耿村矿于1975年4月由河南省煤矿设计研究院设计，1975年12月由义马矿务局建井处与河南省建井二处共同施工兴建，1982年12月投产，矿井设计能力120万t/a，1985年已基本达到设计生产能力。为扩大生产规模，经原义马矿务局、河南省煤炭厅批准矿井进行改扩建，1986年10月河南省煤矿设计研究院提交了《耿村矿井扩建设计说明书》，1988年1月动工，在原主、副斜井旁建一主井，原主井改作副井，与原副井共同承担辅助提升任务；新增东三采区，并增开一回风井。运输大巷水平标高仍为+300 m,位于2-3煤以下底板岩石中,全井田原来共分3个采区,即西二、东一、东三采区。扩建后井型由120万t/a增加到240万t/a。2011年度核定生产能力400万t/a。

井田含煤5层，由下至上为2-3煤、2-2煤、2-1煤、1-2煤、1-1煤，其中2-3煤普遍可采，1-2煤、2-1煤、2-2煤为大面积可采煤层，1-1煤不可采，2-1煤和2-2煤分别在+200 m、+300 m水平以下与2-3煤合并。煤层易自燃，煤尘具有爆炸性。

矿井采用单水平上、下山开拓方式。现采用走向长壁采煤法，综采放顶煤工艺，一次采全高，陷落法管理顶板。目前，矿井1-2煤、2-1煤、2-2煤层已基本开采结束，主要开采2-

3 煤层。2013 年矿井瓦斯等级鉴定为高瓦斯矿井。矿井水文地质类型为中等。

现矿井剩余可采储量 2527 万 t，剩余服务年限 4.5 年，现生产区域集中在 12 采区和 13 采区。当前，12 区采深达 545 m，工作面已跨越 F_{16} 断层；13 采区采深已达 600 m，最大采深将达 700 m。现生产区域中，13 采区的冲击地压威胁比 12 采区严重。

三、千秋煤矿

千秋煤矿位于义马煤田中部，东邻北露天矿和跃进煤矿，西接耿村煤矿，北起 2－3 煤层露头线，南至 F_{16} 断层，井田面积 17.65 km^2。开采标高 +595～－350 m，最大采深 970 m。千秋煤矿始建于 1956 年，1958 年简易投产，矿井设计生产能力 60 万 t/a，1960 年达到设计能力，经过多次技术改造，2009 年核定矿井生产能力为 210 万 t/a。为了减少运输线路长度、降低工人入井和升井时间，提高矿井煤炭产量和生产效率，2004 年义煤集团公司决定在井田西南部的南王圪塔村新建一对立井，包括一个新材料立井和一个回风立井。矿井主要开采 2－1 煤、2－3 煤，煤在井田深部合并为一层，统称为 2 煤，煤层结构较为复杂，属长焰煤种。煤尘具有爆炸危险性，属于易自然发火煤层。

目前，矿井为立井、斜井、多水平综合开拓，大单翼采区上、下山布置，走向长壁综采、综放、炮采联合生产，通风方式为混合式负压通风。顶板控制方法采用全部陷落法。2013 年矿井瓦斯等级鉴定为高瓦斯矿井。2013 年矿井水文地质类型划分为中等。

现矿井剩余可采储量 8117 万 t，剩余服务年限 27.6 年，现处于停产状态。停产前，千秋煤矿生产区域位于 16 区、18 区和 21 区，其中 18 区和 21 区曾多次发生较为严重的冲击地压事故，不仅破坏了大量巷道，而且造成人员伤亡。千秋煤矿为义马煤田受冲击地压灾害威胁最严重的矿井之一。

四、跃进煤矿

跃进煤矿西部与千秋矿相邻，浅部以F_{3-3}断层为界；深部以35线西275 m为人为边界；北部与千秋矿浅部相邻，30线以西大体以涧河南岸为界，30线以东以陇海铁路为界；东部与常村矿相邻，井田面积约22.3 km^2。开采标高+340～-550 m，最大采深1100 m。

跃进煤矿原名下磨矿，1958年7月建井，设计生产能力21万t，1959年10月14日投产，1963年核定井型15万t。1966年前后，下磨矿改名为跃进矿。1970年2月开始扩建，由义马矿务局跃进矿设计组设计，设计能力提升为年产60万t，1975年10月1日建成投产，1978年达产。1989年8月进行二次改扩建方案，河南省煤矿设计院设计，由年产60万t扩建到年产120万t。1996年10月竣工验收投产，2004年达产。2007年核定生产能力为150万t/a。2011年核定生产能力为180万t/a。井田含煤4层，分别为1-1煤、1-2煤、2-1煤和2-3煤。1-1煤和1-2煤仅局部可见，井田内均不可采。2-1煤除局部不可采外，全区可采。2-3煤大面积可采。2-1煤与2-3煤在井田深部合并，统称为2煤。

矿井采用斜井多水平分区式上、下山开拓，共有开采水平两个。回采工作面采用走向长壁后退式开采方法，全陷落法控制顶板。目前，矿井选用的采煤工艺为综采，掘进采用炮掘和综掘。矿井通风方式为中央边界（抽出）式，主斜井、副斜井、西风井、立井进风，东风井回风，具有独立完整的通风系统。2013年矿井瓦斯等级鉴定为瓦斯矿井。煤尘具有爆炸危险

性，属于易自然发火煤层。2013 年矿井水文地质类型划分为中等。

现矿井剩余可采储量 6212 万 t，剩余服务年限 24.7 年，现生产采区主要集中在 23 区、25 区。23 区和 25 区位于义马盆地核部，煤层上部沉积覆盖层最厚。目前，两采区采深已接近最大采深，其中，23 区采深达 930 m，25 采区采深已达 1060 m。在生产过程中，两采区多次发生冲击地压事故，虽没有造成人员死亡，但较高的冲击能量对巷道造成严重破坏。现生产区域中，25 采区的冲击地压威胁比 23 采区严重。

五、常村煤矿

常村井田东部为煤层沉缺边界，西至 F_8 断层；北部以煤层露头为界，南部以 F_{16}断层为界，井田面积为 13.63 km^2。开采标高 +320 ~ -350 m，最大采深 880 m。

常村矿创建于 1958 年。1963 年 9 月建成一对年产 30 万 t 的斜井投入正规生产，至 1969 年逐步扩建到 45 万 t/a，经过 1970 年进一步扩建，设计能力达到 90 万 t/a。1975 年实际产量达到 110 万 t/a。为了根本改变采掘失调的状况，1976 年开拓 +320 m 大巷，增加三、五两盘区，设计能力达到 120 万 t/a。为进一步加快原煤的开发利用，1988 年完成了大规模的改扩建，又开辟一新盘区，设计生产能力达到 180 万 t/a，核定生产能力为 210 万 t/a，1989 年生产原煤 172.1 万 t，已接近设计水平。2008 年核定生产能力为 220 万 t/a。

矿井主要开采 2-1 煤、2-3 煤层。采用井工开采，斜井皮带提升，多水平上、下山盘区式开拓方式，倾斜分层，走向长壁式采煤方法，生产工艺为大型综采及综采放顶煤。通风方法为抽出式。通风方式为中央边界混合式。矿井共有 +320 m 和

+110 m 两个生产水平和一个 -150 m 延深水平。分水平、分采区开采，一水平已开采结束，共划分为4个采区，分别为11采区、12采区、13采区、15采区。二水平划分为2个采区，分别为21采区、22采区（23采区合并到21采区中）。现生产水平为 +110 m 水平，主力生产采区为21采区及21延深区，所采煤层为2-3煤。2013年矿井瓦斯等级鉴定为瓦斯矿井。煤尘具有爆炸危险性，属于易自然发火煤层。2013年矿井水文地质类型划分为中等。

现矿井剩余可采储量3310万t，剩余服务年限10.7年，现生产采区主要集中在21区。当前，21区西翼采深达790 m；东翼采深已达690 m，最大采深将达880 m。现生产区域中，21采区西翼的冲击地压威胁比东翼严重。

六、天新公司露天煤矿

原为义煤集团北露天煤矿。新中国成立前为豫庆公司建井生产，1947年停产。新中国成立后改为义马北露天矿，生产能力为30万~40万t/a，1959年6月因井下煤层自燃而停采。该煤矿由沈阳煤炭设计院设计，于1960年6月30日开始建设，1967年3月28日正式建成投产，设计生产能力为60万t/a，1980年核定为65万t/a。2006年6月，北露天煤矿重组并更名为天新矿业有限责任有限公司，设计生产能力为15万t/a，并恢复生产。采空区标高 +335 ~ +430 m。

现井田剩余可采储量473.68万t/a，剩余服务年限5.2年，现生产区域划分为南帮和北帮，南帮开采原煤，北帮剥离煤矸互叠层。

天新公司为露天煤矿，在开采过程中没有发生过冲击地压。

七、浅部老窑、小矿开采概述

义马煤田开采历史悠久，至少有数百年的开采历史。义马煤田地层倾向南偏东，义马组煤层埋藏整体上北浅南深，浅部为隐伏露头区，最小埋深仅 2 m 左右。古代人们在挖水井、地窨时就发现了煤炭，遂零星开采，主要用于民用。新中国成立以后，义马煤田在建设国营大矿大规模正规开采时，煤田浅部曾长期存在乡镇和个体民营小煤矿生产。20 世纪八九十年代，受“有水快流，强力开发”的思想影响，义马煤田浅部小煤矿遍地开花，星罗棋布，最多时超过 500 家，生产能力多不足 3 万 t/a。据统计，义马煤田浅部有记录的煤矿多达千余座，受自身技术力量、开采能力等因素限制，小煤矿开采深度一般不大于 200 m。由于资源枯竭、政策限制，现在绝大部分小煤矿已停产关闭，仅保留个别煤矿，但已被义煤公司整合统一管理。

义马煤田浅部小煤矿在开采过程中，没有发生过冲击地压。

第三章　义马煤田冲击地压简述

第一节　义马煤田冲击地压概况

义马煤田冲击地压从20世纪80年代开始显现，主要表现为响“煤炮”、巷道局部轻度变形、设备轻微位移等，由于没有影响正常生产，加之当时缺乏对冲击地压的认识，故未做记录。首次有记录的是千秋煤矿18152下巷掘进工作面在1998年9月3日发生的冲击地压。18152工作面设计长度783 m，开切眼长度107 m，下巷标高平均+154 m，平均距地表448 m，平均煤厚2.5 m，煤层倾角17°。冲击地压发生时，18152工作面下巷已掘进120 m。冲击地压导致掘进面正头向外20 m至巷口共计100 m范围内，巷道底鼓变形，大量工字钢支架遭到损坏，冲击煤量500 m^3，巷道几近充填。之后，义马煤田中部5对矿井陆续出现冲击地压，不同程度地受到冲击地压的威胁。

近年来，义马煤田5对生产矿井均转入深部开采，最大开采深度已达1060 m，距离大型义马逆断层越来越近，并开始越过该断层。随着采深的增加和开采强度的加大，义马煤田冲击地压灾害趋于严重。截至2015年年底，义马煤田已累计发生有记录的、较为明显的冲击地压110余次，累计损毁巷道数千米，曾数次造成人员伤亡事故，直接及间接经济损失合计达数亿元，成为全国冲击地压危害最严重的矿区之一。义煤公司部分矿井冲击地压发生后巷道破坏情况如图3－1所示，各矿冲击事件统计见表3－1。

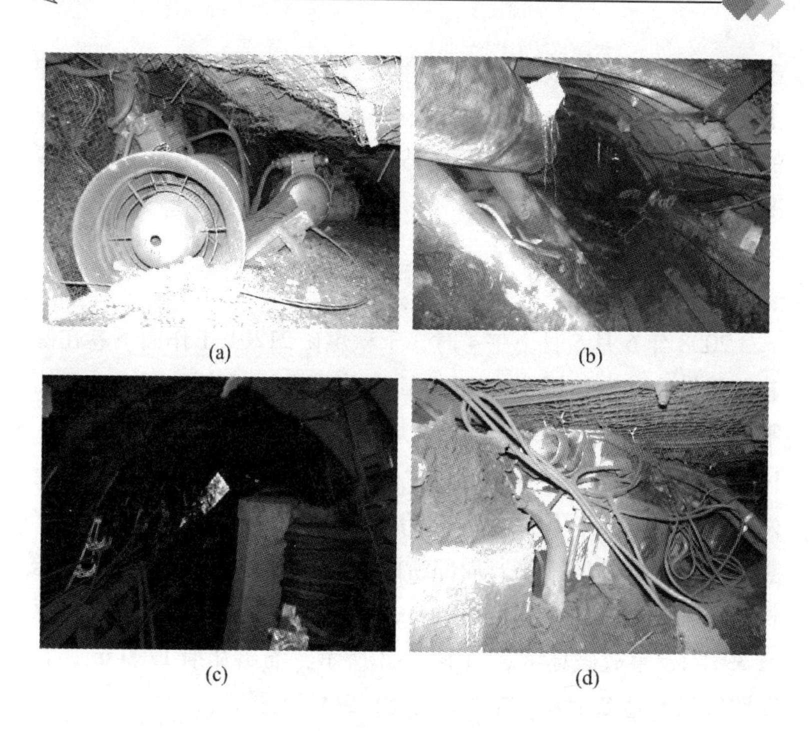

(a) (b) (c) (d)

图3-1 义煤公司部分矿井冲击地压发生后巷道破坏情况

表3-1 义马煤田各矿冲击事件统计表（截至2015年年底）

矿井名称	杨村煤矿	耿村煤矿	千秋煤矿	跃进煤矿	常村煤矿	总计
冲击事件次数	7	14	42	38	11	111

第二节 义马煤田主要冲击地压事故

义马煤田所属矿井均不同程度受到冲击地压危害，其中，杨村煤矿受冲击地压危害较小，耿村矿和常村矿中等，最严重的为

千秋矿和跃进矿。截至2015年年底，千秋矿和跃进矿共发生冲击事件80次，占义马煤田冲击事件总量的72%，严重威胁矿井的安全生产。下面简述一下义马煤田主要冲击地压事故现场情况。

一、千秋煤矿“6·5”冲击地压事故

2008年6月5日下午4时，千秋煤矿21201工作面下巷在修巷期间发生冲击地压事故。21201工作面设计长度1555 m，开切眼长度130 m，平均煤厚23 m，煤层倾角10°~14°，下巷标高-140 m，埋深740 m。冲击地压发生时，工作面回采至931 m，距发生位置101 m。下巷725~830 m处巷道冲击地压显现最为严重，巷道断面瞬间缩小，局部断面不足1 m^2，巷道内的带式输送机架子和托辊被挤到巷帮顶梁上，巷道顶底板基本合拢。突出煤量3975 t，事故破坏示意如图3-2所示，涌出瓦斯1700 m^3，瓦斯浓度最高达8.1%。造成9人死亡，11人受伤。

二、千秋煤矿“11·3”冲击地压事故概况

2011年11月3日，千秋煤矿21221下巷掘进工作面发生冲击地压事故。21221工作面设计长度1520 m，开切眼长度180 m，平均煤厚23 m，煤层倾角10°~14°，下巷标高-200 m，埋深760 m。冲击地压发生时，下巷掘进至715 m，距离发生位置73 m。290~460 m处巷道内加强大立柱向上帮歪斜，上帮棚腿向巷道内滑移，巷道高度最低处不足1.9 m，宽度最窄处为2.3 m；460~500 m、515~553 m段顶底板基本合拢；575~620 m段巷道部分地段底鼓变形严重，巷道高度仅有0.5~0.8 m；620~640 m段巷道底鼓变形严重，巷道基本合拢。事故现场破坏情况如图3-3所示，事故破坏示意如图3-4所示，事故造成10人死亡。

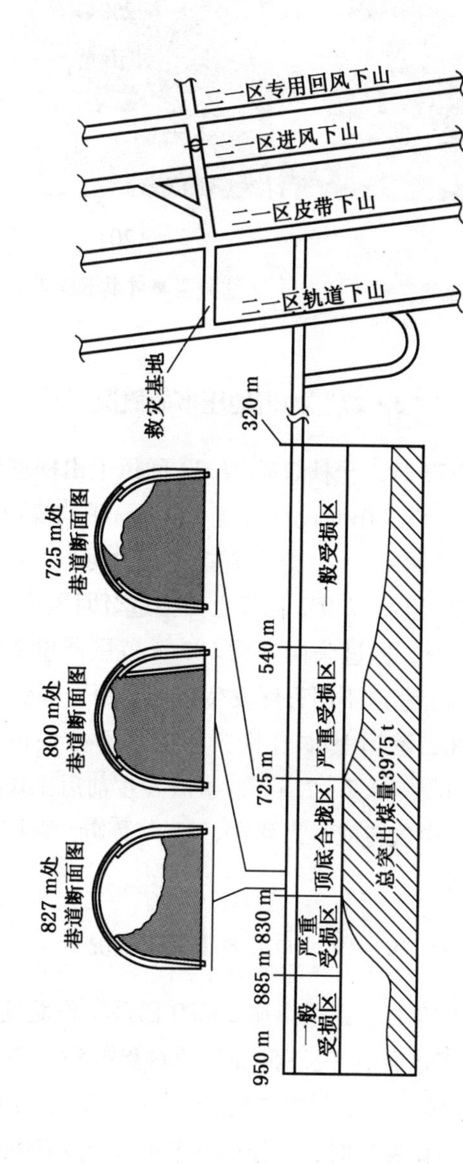

图3-2　千秋煤矿21201工作面“6·5”冲击地压事故破坏示意图

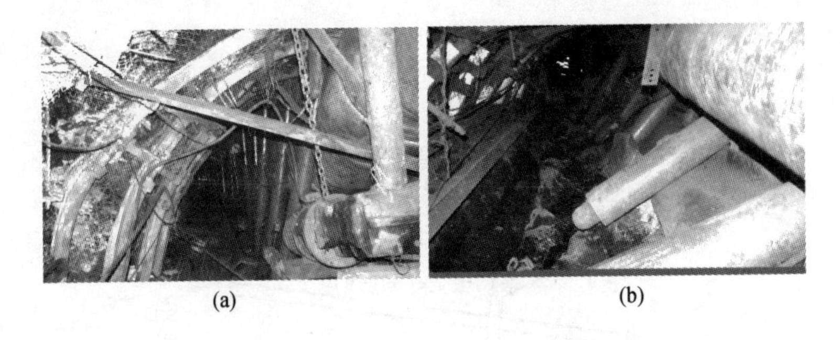

(a) (b)

图3-3 千秋煤矿“11·3”冲击地压事故现场破坏情况

三、千秋煤矿“3·27”冲击地压事故概况

2014年3月27日，千秋煤矿21032回风上山掘进工作面发生冲击地压事故。该工作面设计长度152 m，平均煤厚7 m，巷道标高+96 m，埋深497 m，煤层直接顶板为泥岩，直接底板为砾岩。冲击地压发生时，21032回风上山掘进至回风巷往上85 m，距离发生位置20 m，掘进头向外约103 m范围严重变形，距下部变坡点20 m以上巷道不同程度发生破坏，距下部变坡点50 m处巷道严重破坏，巷道基本合拢，巷道水平方向收缩1.1～4.3 m、竖直方向收缩0.7～2.5 m，事故发生前后工作面剖面图如图3-5所示。事故造成6人死亡、13人受伤，直接经济损失705.22万元。

四、跃进煤矿“6·19”冲击地压事故概况

2007年6月19日，跃进煤矿25080回采工作面发生冲击地压事故。25080工作面设计长950 m，倾斜宽155 m，工作面标高-406 m，采深950 m左右。煤层倾角11°～14°，平均12°，平均煤厚5 m。冲击地压发生时，工作面剩余可采长度260 m，上巷和

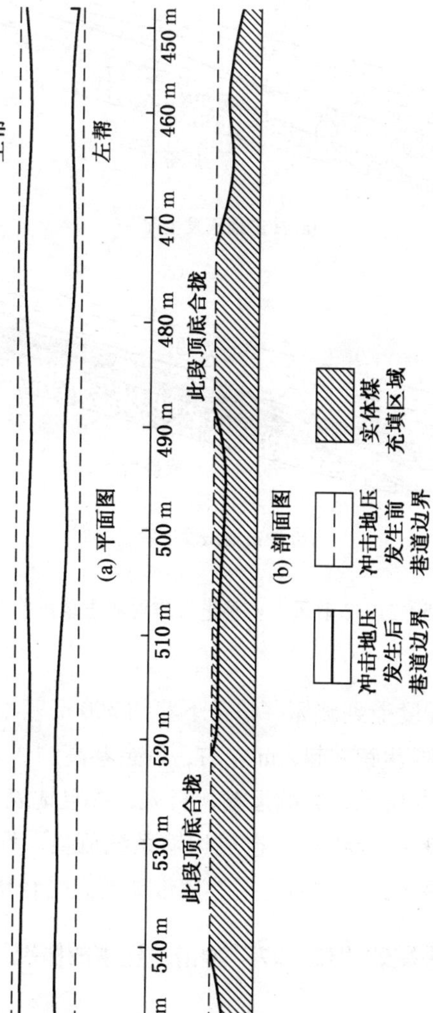

图3-4 千秋煤矿“11·3”冲击地压事故破坏示意图

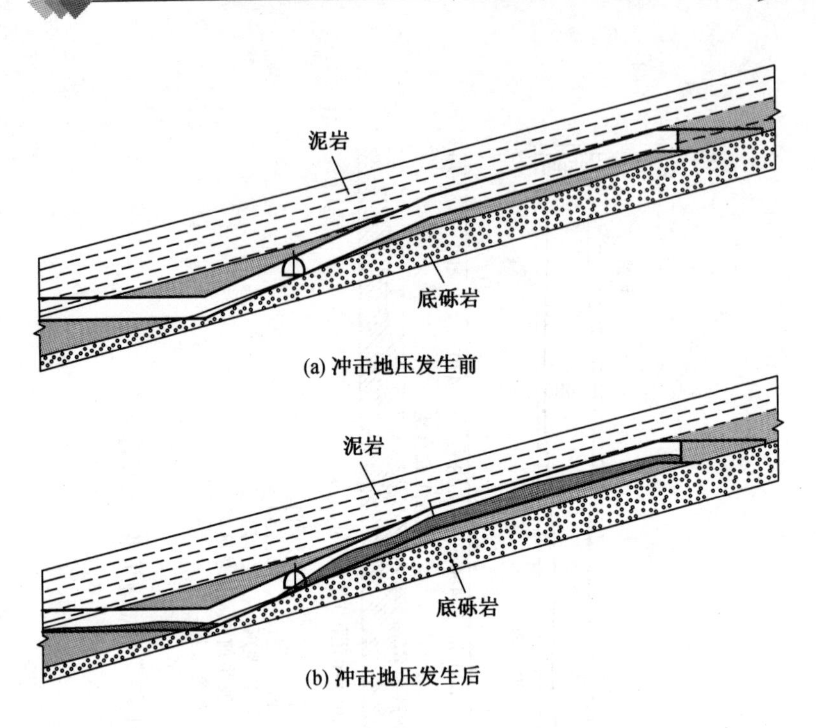

(a) 冲击地压发生前

(b) 冲击地压发生后

图 3－5　21032 回风上山掘进工作面冲击地压前后剖面图

下巷均不同程度受到破坏。整条下巷约 300 m 基本堵死，上巷外段的 80 m 范围巷底鼓起 2 m 左右，剩余巷高约 0.7 m，事故破坏示意如图 3－6 所示，影响运输、行人，并且地表有明显的震感，累计冲出煤量达 3700 m^3，造成运输系统瘫痪，设备破坏，导致工作面被迫停产，工作面下平巷皮带头两人受轻伤。

五、跃进煤矿“12·27”冲击地压事故概况

2007 年 12 月 27 日，23130 工作面下巷发生冲击地压。23130 工作面设计长度 1124 m，宽度为 185 m，煤层倾角 10°～16°，平均煤厚 7.5 m，下巷标高 －335 m，采深 860 m。冲击地压发生

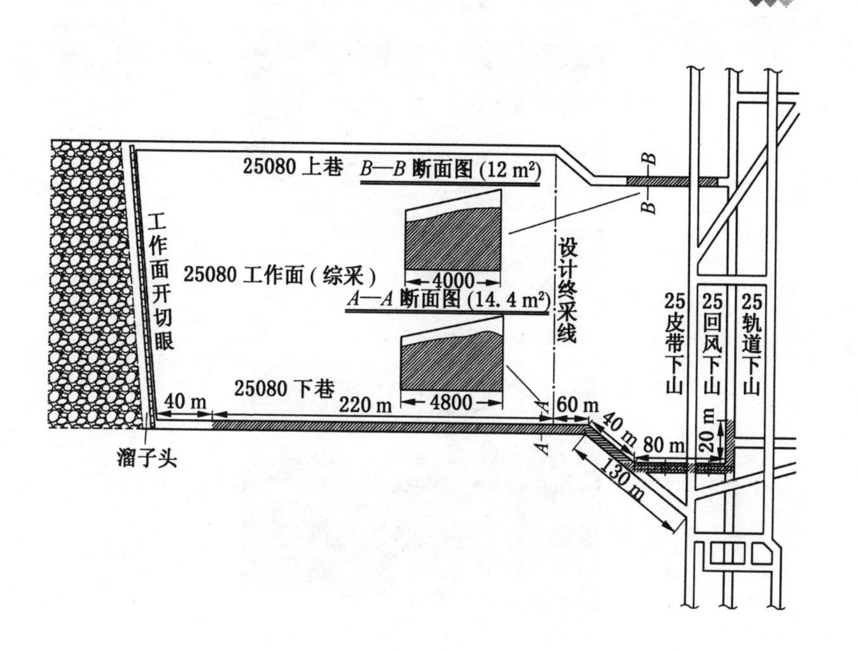

图3-6 跃进煤矿“6·19”冲击地压事故破坏示意图

时，23130 工作面下巷已掘进 110 m，下巷口向里至 46 m 段巷道底鼓 0.5～0.8 m，皮带架下移。下巷 46～100 m 内巷道底鼓 1.5～3.5 m，皮带架推移至下帮，部分皮带侧翻，随机皮带跑道侧立。冲击地压发生时，冲击波冲开下巷联络巷车场木风门导致一人重伤，事故现场破坏情况如图 3-7 所示，事故破坏示意如图 3-8 所示。

六、耿村煤矿“12·22”冲击地压事故概况

2015 年 12 月 22 日，耿村煤矿 13230 工作面下巷发生冲击地压，破坏巷道 160 m，造成 2 人死亡。冲击地压发生时，13230 工作面下巷开切眼向外 160 m 巷道不同程度发生破坏，距离现工

(a)

(b)

图3-7　跃进煤矿“12·27”冲击地压事故现场破坏情况

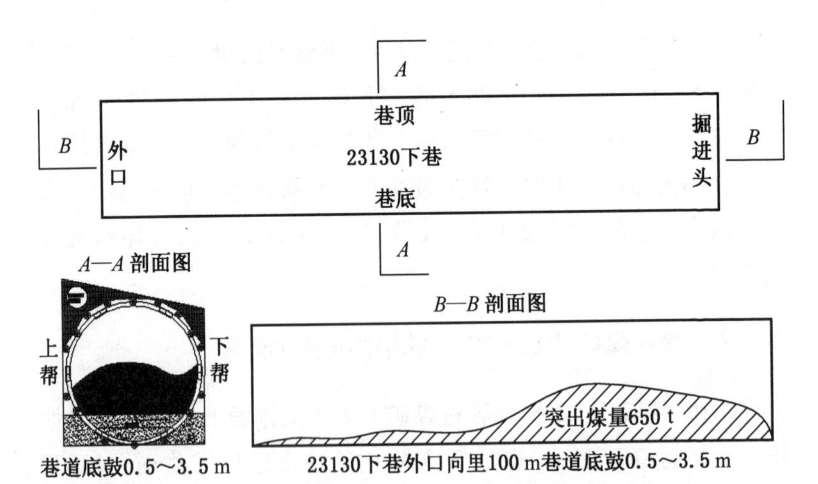

图3-8　跃进煤矿“12·27”冲击地压事故破坏示意图

作面煤壁 80 m 处，巷道宽度 2. 37 m，巷道高度 1. 70 m，此处向里巷道内液压抬棚、管线及皮带等杂物充满整个巷道，行人困难，只能爬行前进。巷道内原来用于支护的液压抬棚共 35 架，损坏 30 架，其中，大立柱共折断 7 架，大立柱弯曲 11 架，倾倒 12 架。事故现场破坏情况如图 3 – 9 所示，事故破坏示意如图 3 – 10 所示。

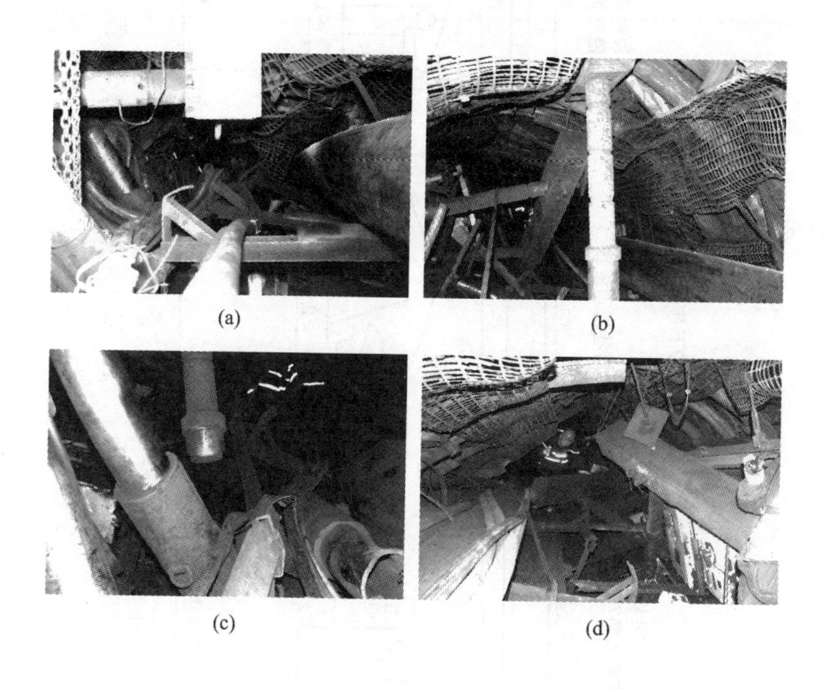

(a) (b) (c) (d)

图 3 – 9 耿村煤矿“12 · 22”冲击地压事故现场破坏情况

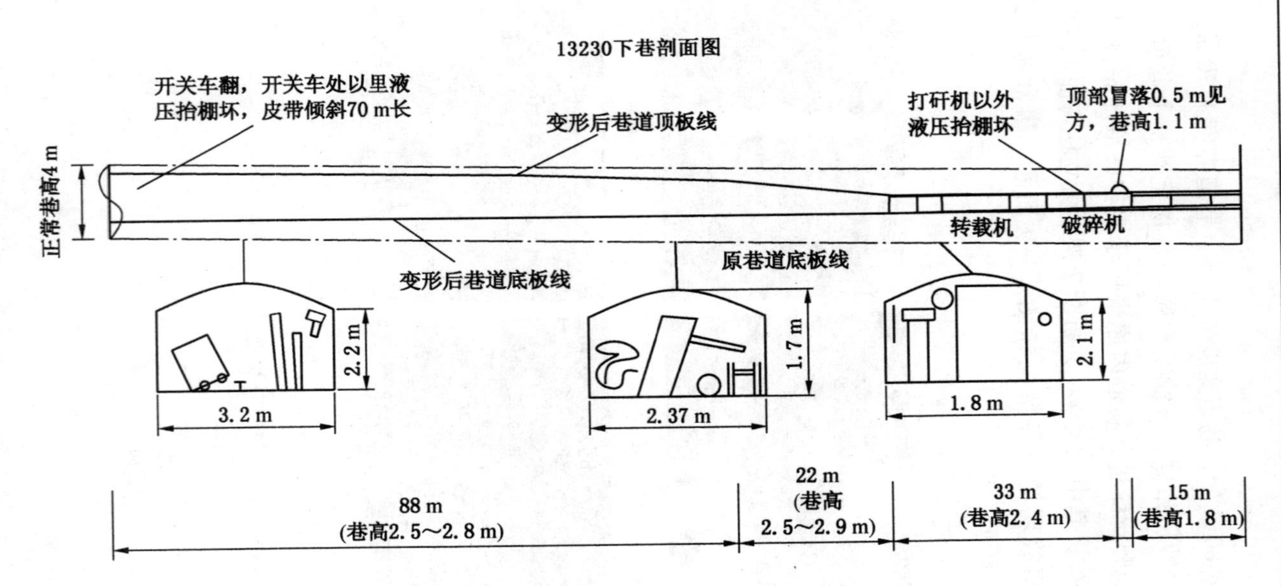

图3-10 耿村煤矿“12·22”冲击地压事故破坏示意图

第四章　义马煤田冲击地压地质机理

冲击地压的形成机理非常复杂，总体可以概括为两个方面，一方面是地质因素，另一方面是采矿因素。冲击地压的发生是地质因素与采矿因素综合作用的结果。地质因素为内因，采掘活动为外因；地质因素为自然原因，采掘活动为人为原因；地质因素起主导作用，采掘活动为诱导因素；地质因素相对稳定，采掘活动为可变因素。总之，地质因素是形成冲击地压的内在的、本质的、控制性因素，是义马煤田发生冲击地压的根本原因。

义马煤田发生冲击地压的地质因素主要包括煤层上覆巨厚砾岩、F_{16}逆冲断层的南北挤压作用、煤厚或上覆砾岩厚度快速变化、“两硬一软”的地层结构、“软采比”较小、采深增加、靠近F_{16}断层和其他次一级断层、煤层合并等。本章将重点围绕义马煤田冲击地压的地质原因进行分析，阐述形成冲击地压的地质机理。

第一节　巨 厚 砾 岩

实践证明，在一定的采深条件下，比较强烈的冲击地压一般出现在煤系地层中高强度的岩层中，特别是煤层顶板中有厚层硬岩时更明显。煤层上覆坚硬顶板是冲击地压发生的主要影响因素之一，这是因为坚硬厚层顶板容易积聚大量的弹性能。在坚硬顶板脆断或滑移过程中，大量的弹性能突然释放，形成强烈震动，导致冲击地压。

苏联阿维尔申教授认为，煤层内的弹性能由体变弹性能 U_V、形变弹性能 U_t 和顶板弯曲弹性能 U_w 三部分组成，即

$$U = U_V + U_t + U_w \tag{4-1}$$

其中，U_w 的计算公式为

$$U_w = \frac{1}{2}M\varphi \tag{4-2}$$

式中　U_w——顶板弯曲弹性能；

M——煤壁上方顶板岩层的弯矩；

φ——顶板岩层弯曲下沉的转角。

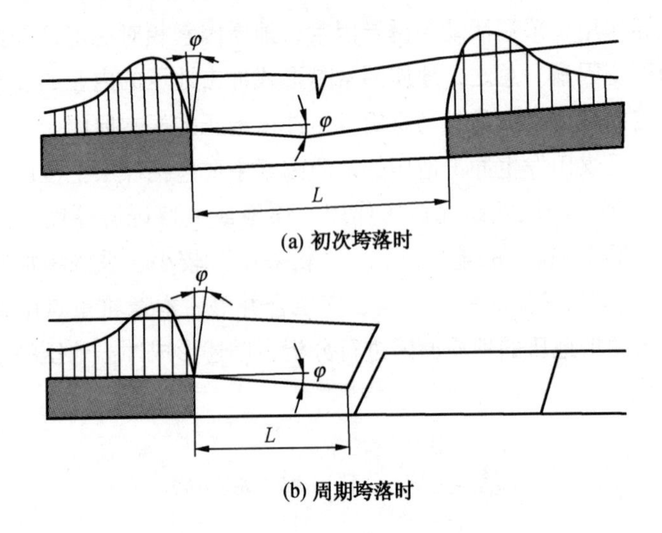

图 4－1　顶板弯曲弹性能计算图

顶板弯曲弹性能计算如图 4－1 所示，M 和 φ 分别有下面两种计算公式。

对应图 4－1a 的情形

$$M = \frac{1}{12}qL^2 \tag{4-3}$$

$$\varphi = \frac{qL^3}{24EJ} \tag{4-4}$$

对应图4－1b的情形

$$M = \frac{1}{12}qL^2 \tag{4-5}$$

$$\varphi = \frac{qL^3}{2EJ} \tag{4-6}$$

式中　L——顶板的悬伸长度；

q——顶板重量与上覆岩层附加载荷的单位长度折算载荷；

E——岩层的弹性模量；

J——顶板的断面惯性矩。

将上述各量分别代入式（4－1）、式（4－2），则有

$$U_w = \frac{q^2L^5}{576EJ} \quad （初次垮落时） \tag{4-7}$$

$$U_w = \frac{q^2L^5}{8EJ} \quad （周期垮落时） \tag{4-8}$$

由式（4－7）和式（4－8）可以看出，U_w与岩层悬伸长度的五次方成正比，即L值越大，积聚的能量越多。厚度越大的坚硬岩层越不易冒落，形成的L值也越大。一般情况下，厚层坚硬顶板的悬露下沉首先表现为煤层的缓慢加压或压缩，经过一段时间后可以集中在一天或几天内突然下沉，载荷极快上升达到很大的值。在悬露面积很大时，不仅本身弯曲积蓄变形能，而且在附近地层中（特别是基本顶折断处）形成支承压力。当基本顶折断时还会形成附加载荷传递到煤层上，通过煤层破坏释放变形能（包括位能），产生强烈的岩层震动引起冲击地压，而且底板也参与冲击地压的显现。

义马煤田含煤地层位于中侏罗统义马组，之上发育有中侏罗统马凹组和上侏罗统地层。上侏罗统地层岩性以砾岩为主，在义

马煤田普遍发育；之上为白垩系砾岩，主要发育在义马向斜核部区域，也就是跃进井田中下部、千秋井田东南角和常村井田西南角。砾岩在全煤田发育，厚度由北向南、自浅到深、从东部和西部边界区域向煤田中南部区域逐渐增大，在向斜核部厚度多在500 m以上，特别是在跃进井田南部靠近F_{16}断层区域厚度最大，达700余米（图4-2）。

义马组煤系地层之上、上侏罗统砾岩之下为马凹组地层。马凹组地层在煤田普遍发育，但岩性变化较大，自东向西岩性从砾岩向砂岩及泥岩逐渐过渡（图4-3）。马凹组砾岩和砂岩属坚硬岩石，和上覆砾岩类似，其岩性坚硬，完整性较好；而泥质砂岩、砂质泥岩和泥岩则属于软弱岩层。为了准确反映坚硬顶板对冲击地压的影响，对常村井田、跃进井田大部、千秋井田东南部以砾岩或砂岩为主的区域进行分析，煤层上覆马凹组地层统计为坚硬顶板的一部分以便进行更好地分析（图4-4）。义马煤田煤层上覆坚硬顶板厚度变化规律与砾岩基本一致，但由于马凹组地层岩性自西向东由硬岩向软岩逐渐过渡，故与砾岩比较，其重心区域向东偏移，顶板坚硬岩石最厚达880 m。

义马煤田煤层上覆巨厚砾岩，包括马凹组砾岩和砂岩，构成了巨厚坚硬顶板结构。上覆坚硬顶板岩石完整性好，抗变形能力强，利于弹性变形能的储存。煤层开采后，坚硬顶板不易垮落，导致大面积悬顶，岩层悬露面积越大，积聚的能量越多。一旦坚硬顶板发生脆性断裂，巨大的弹性势能和重力势能将猛然释放，并以应力波的形式到达煤（岩）层自由面，造成自由面附近的煤（岩）体破坏并获得一定的动能，形成强烈的冲击力。采掘活动对顶板的扰动破坏为一持续动态过程，随着顶板不断发生断裂，积聚的弹性能周期性释放，在采掘工作面薄弱区域以冲击地压的形式表现出来。另外，井下采掘等生产活动也可能诱发储存

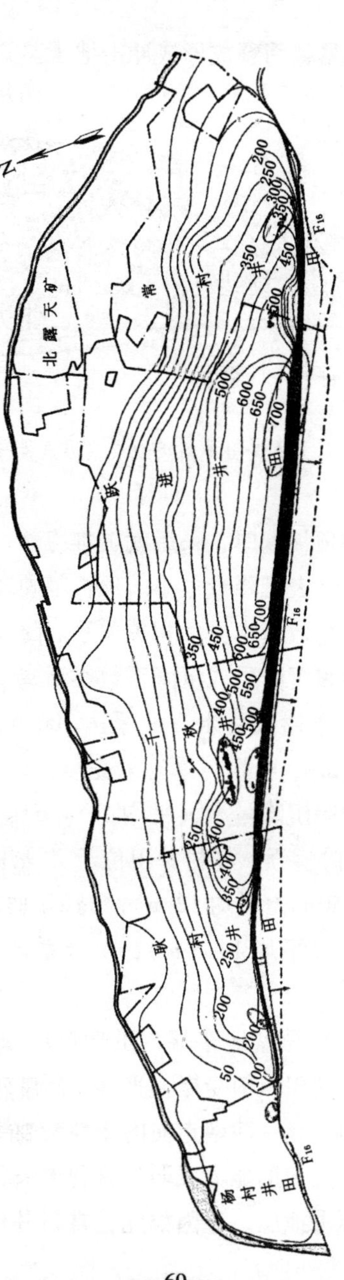

图4-2　义马煤田顶板巨厚砾岩等厚线与冲击地压事件分布图

于坚硬顶板中的能量瞬间释放形成冲击地压。

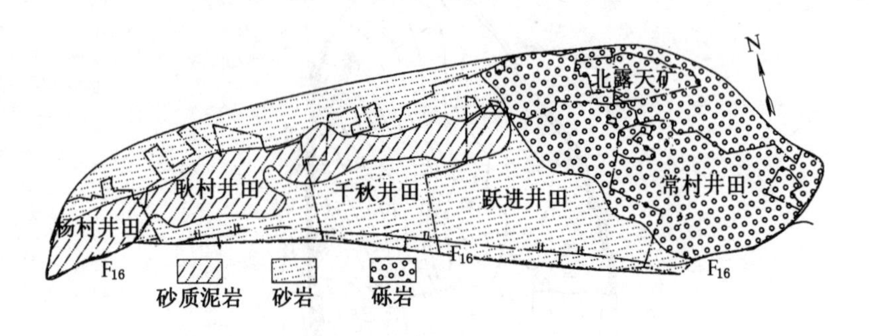

图4-3　义马煤田马凹组地层主要岩性分布图

煤层上覆坚硬顶板越厚，采后就更难垮落，采空区上覆岩层变形量小，相应的地表沉降量也小。顶板坚硬岩石的厚度与采后地表沉降量或沉降系数基本呈负相关关系。随着顶板坚硬岩层厚度增大，对应的地表沉降量或沉降系数逐渐减小。千秋、跃进两矿砾岩厚度最大，厚达数百米，最厚达700余米（如含砂、砾岩互层，最厚880 m），上覆巨厚砾岩完整性好，抗变形能力强，采后不易垮落，地表沉降量小（平均1.54 m），沉降系数小（平均0.34），冲击危险性强。杨村井田位于义马煤田西部，砾岩不发育（厚度仅0~50 m，平均12 m），局部缺失，采后顶板易垮落，地表沉降量大（平均14.5 m），沉降系数大（平均0.75），冲击危险性弱。

常村井田位于义马盆地东端，虽然煤层顶板坚硬岩石也较厚，甚至厚于千秋井田，但受岸上平移正断层等构造影响，在井田内形成了一系列东北—西南走向的张性断裂构造，使煤层顶板岩层完整性变差，抗变形能力减弱，有利于采后顶板垮落及地表沉降，不易形成冲击地压。正因如此，常村井田21区西翼深部

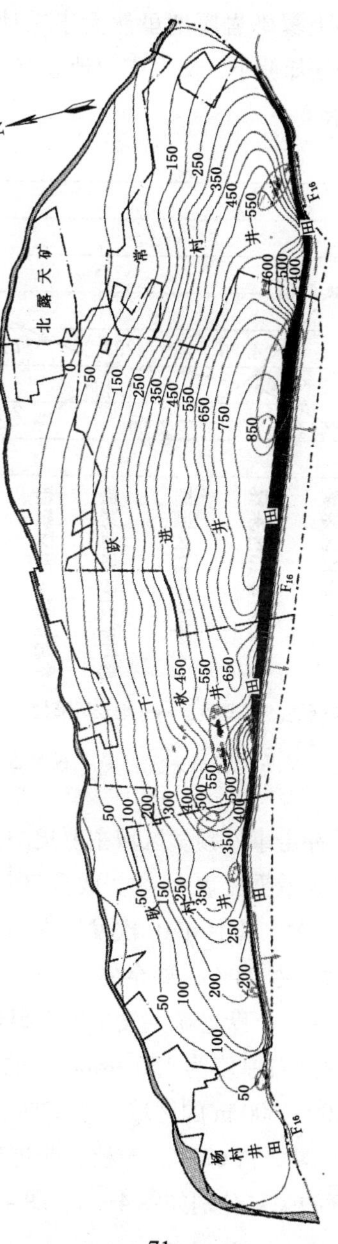

图4-4　义马煤田顶板坚硬岩石等厚线与冲击地压事件分布图

和东翼深部的煤层上覆砾岩厚度虽然大于千秋井田 21 区西翼，但对应的地表沉降量却偏小，义马煤田地表沉降量与砾岩厚度的关系如图 4－5 所示。

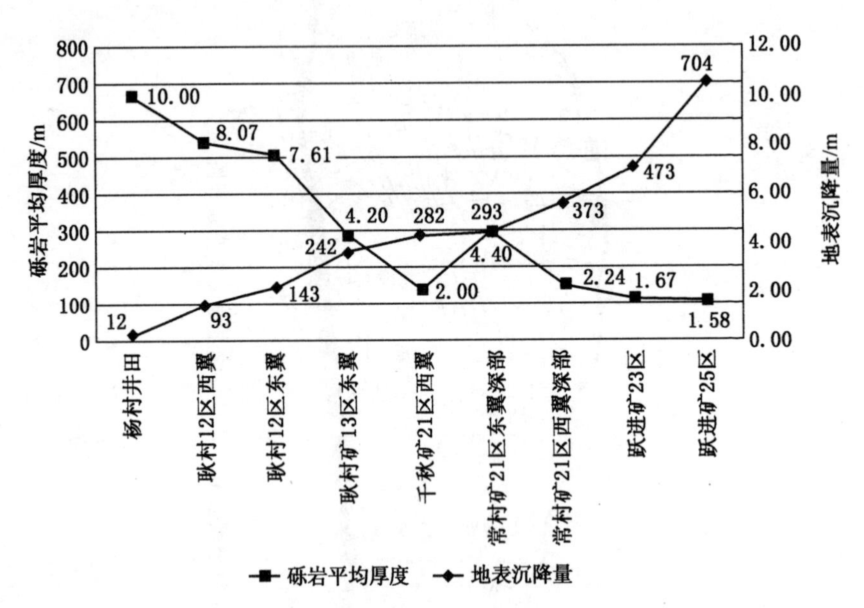

图 4－5　义马煤田地表沉降量与砾岩厚度关系

义马煤田矿压冲击事件频发区域主要集中在本井田坚硬岩层厚度较大区域，具体数据见表 4－1。截至 2014 年 7 月，千秋矿共发生冲击事件 42 次，其中有 10 次发生在顶板坚硬岩石厚度为 300～450 m 的区域，占 24%，剩余的 32 次发生在厚度为 450～600 m 的区域，占 76%。跃进矿共发生冲击事件 37 次，其中有 6 次发生在顶板坚硬岩石厚度为 150～400 m 的区域，占 16%，8 次发生在厚度为 400～600 m 的区域，占 22%，23 次发生在厚度为 600～880 m 的区域，占 62%。千秋、跃进矿矿压冲击事件次数与坚硬岩石厚度的关系分别如图 4－6、图 4－7 所示。

表4-1 义马煤田冲击事件频发区域坚硬岩层厚度 m

井田名称	坚硬岩层厚度	冲击事件频发区域坚硬岩层厚度
耿村井田	0~500	约200，约320，350~500
千秋井田	0~650	500~600
跃进井田	0~880	>600
常村井田	0~600	400~500

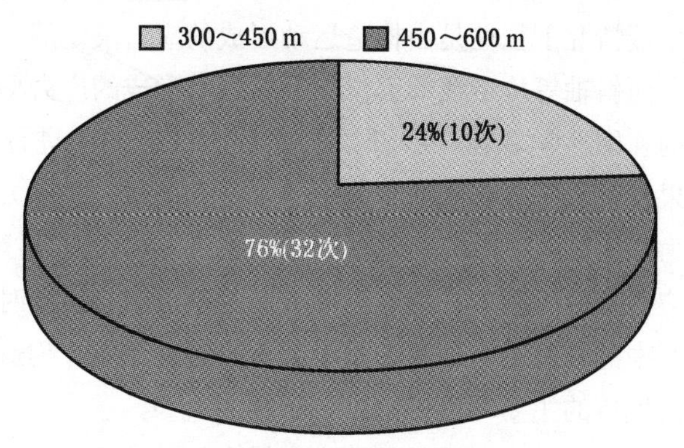

图4-6 千秋矿矿压冲击事件次数与坚硬岩石厚度的关系

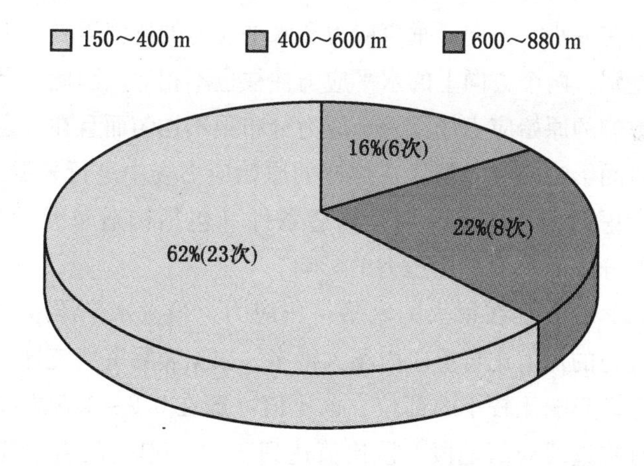

图4-7 跃进矿矿压冲击事件次数与坚硬岩石厚度的关系

第二节　义马煤田南北构造应力作用

地层的运动形成各种各样的地质构造如断层、褶皱，在这些地区特别是深部岩层中某个点的应力（包括大小和方向）是自重应力场和构造应力场的综合叠加，其最大主应力的大小和方向，在多数情况下往往是由构造运动形成的应力决定的。特别是邻近背、向斜轴等构造线的部位，构造运动形成的应力场往往是最重要的。国外学者在一些开采深度较大的矿井中进行应力测量，结果发现水平成因构造单元中的水平方向最大主应力可以比垂直应力高出 3 ~ 5 倍，达到自重应力的 8 ~ 10 倍，甚至更大。在构造应力场的作用下，一方面形成新的断裂组合，同时对井下开采过程中的各种动力现象的发生起着决定性作用，构造应力是孕育冲击地压的主要环境因素之一。

受构造运动影响区域的原始应力场有如下特征：

（1）各点应力受构造影响。即使为同一深度水平，各点间的应力在大小、方向、垂直应力和水平应力的比值等方面也会有很大差别，两个方向上的水平应力往往也不相等。因此，受构造运动影响的原始应力场是一个应力分布很不均匀而且在一定程度上受时间影响的应力场。在这样的原始应力场中进行采掘工作，必须考虑时间、地点特别是构造条件（包括构造单元的性质、构造线分布等）对矿山压力的影响。

（2）由于存在很大的水平挤压应力，最大水平压应力与垂直压应力的比值比自重应力场大得多。根据实际资料统计，在受构造运动影响比较小的部位，该比值一般在 0.8 ~ 1.5 之间，而在邻近构造线局部地段，该比值达到 3 ~ 5。单一的自重应力场中水平应力与垂直应力的比值，在一般深度条件下只有 0.2 ~

0.3。水平应力值较大且高于垂直应力值是构造影响应力场最重要的特征。在受构造影响地区特别是邻近构造线的部位进行开采工作应当特别注意水平应力的作用。

(3) 最大主应力方向受构造作用的控制。实践证明，多数情况下的最大主应力都垂直于褶曲轴等构造线的方向。

(4) 岩石强度越高完整性越好，应力的量级也越大。这是因为坚硬的高强度岩层往往能够在构造运动过程中吸收和集聚能量而且能够长时间地保存下来。相反，岩性松软或强度低的岩层，或强度虽高但已遭破坏的岩层，集聚能量的能力很弱，集聚的能量很容易在长时间流变过程中释放掉。这是在受构造影响的坚硬岩层或其相邻的岩层中开掘巷道，容易产生瓦斯或煤层突出、冲击地压等事故的一个重要原因。

(5) 埋藏深度越大的岩层构造应力的量级也越大。相反，在地壳浅部的岩层中，很难积聚新的构造应力，原有的构造应力在长时间流变过程中被解除。这也正是出于地壳浅部的一些岩层中，即使经历过比较强烈构造运动的影响，却仍保留了单一自重应力场特征的一个重要原因。

(6) 岩层中较多的断裂破坏是经历过构造运动的，这也是确定构造应力场以及最大主应力可能方向的判断依据。

义马煤田处于义马向斜，义马向斜由中生代地层组成，叠置在陕渑向斜之上，其长轴近东西、短轴近南北，长轴与短轴比值大于5，是南北向构造挤压作用形成的近线性褶皱。义马煤田的南缘为F_{16}断层（义马断层），是受南北挤压作用而形成的大型逆冲断层，延伸长度约45 km，水平断距20～1080 m，最大垂直落差超过500 m，是义马煤田的主控构造，主要形成于燕山运动时期。F_{16}断层走向近东西，大部分地段倾向南略偏东。断层倾角上陡下缓，即在中、上部的砂岩和砾岩等坚硬岩石段发生刚性

断裂，断层面较陡，倾角多在70°以上；在底部煤层、泥岩等软弱岩段则以水平滑动为主，倾角逐渐变小，在转折端区倾角多在20°~30°之间，而在滑动区域断层倾角与煤层倾角完全一致，义马煤田48勘探线地质剖面图如图4-8所示，各矿部分巷道地质剖面图如图4-9~图4-13所示。

义马向斜的狭长形态和F_{16}断层的压扭性质与近东西走向均说明南北挤压作用构成了义马煤田的主构造应力，其方向近SN，构造应力自北向南递增。正是南北向的强大推挤作用，导致断层上盘的下伏三叠系泥砂岩地层在煤田南部边缘区域能够叠置在中侏罗统义马组2-3煤之上，也使得三叠系地层呈现近直立、直立、甚至倒转的状态，还使得煤层在滑动区域严重薄化，甚至缺失，而在断层转折端煤层由于受到推挤、阻滞等作用而异常增厚，最厚达百米以上；也正是由于不均匀的南北向挤压作用，义马煤田内出现较多的近SN走向的正断层。

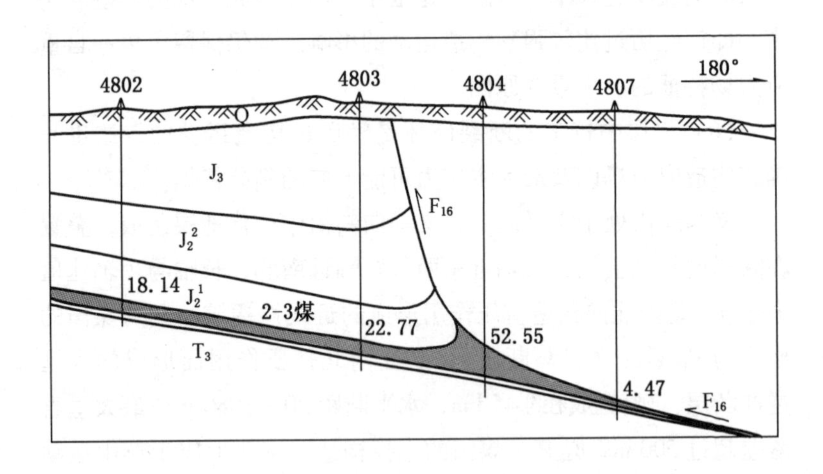

图4-8　义马煤田48勘探线地质剖面图

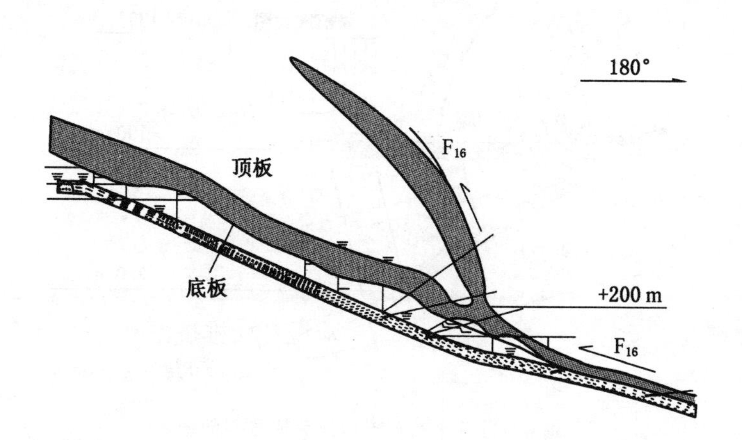

图4-9　杨村矿13采区南轨道下山地质剖面图

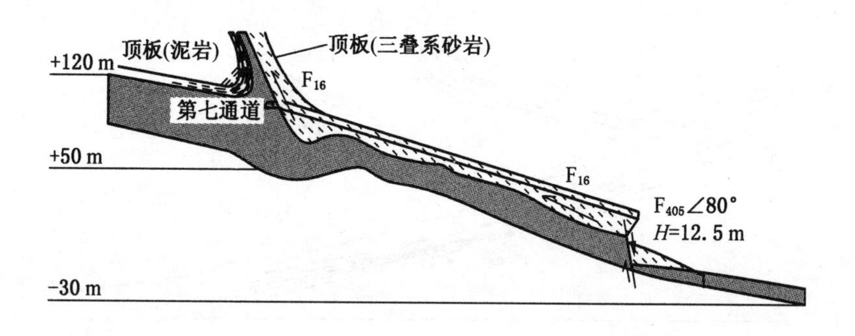

图4-10　耿村矿西皮带延伸揭F_{16}断层地质剖面图

义马向斜是在水平应力挤压下形成的，即水平成因构造，水平方向推动力造成在靠近向斜轴的部位，存在很大的水平挤压应力。因此，紧邻F_{16}断层的地段是南北向构造应力的集中区域，易导致冲击地压的发生，义马煤田冲击地压事件与F_{16}断层位置关系如图4-14所示。

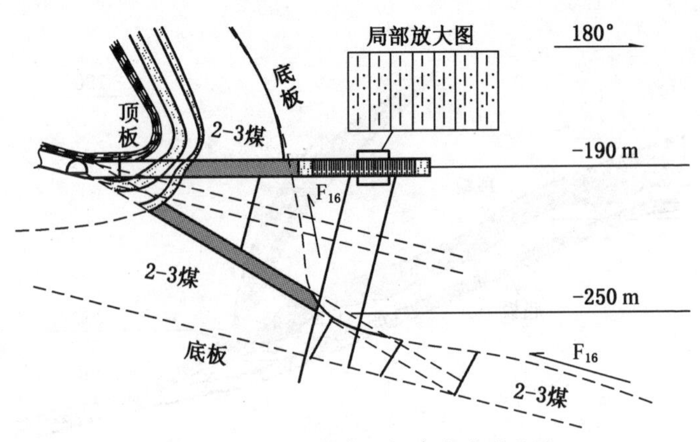

图 4-11　千秋矿专回探巷地质剖面图

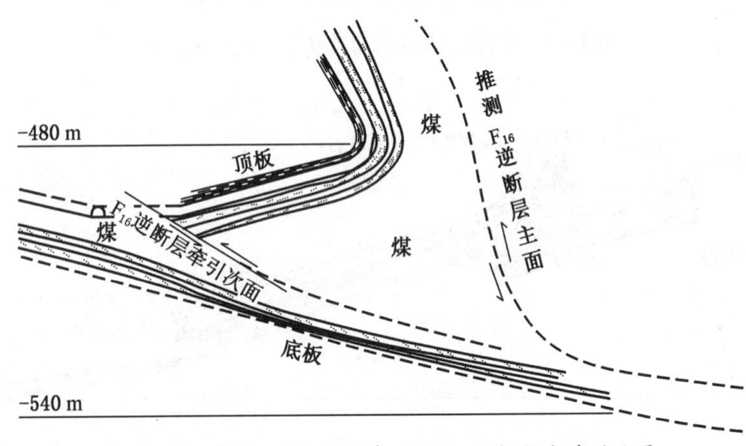

图 4-12　跃进矿 25 区探巷下山过 F_{16} 断层地质剖面图

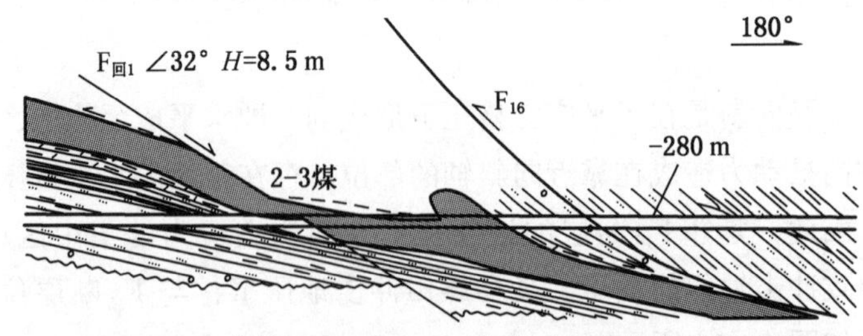

图 4-13　常村矿 21 延深区下部专用回风巷地质剖面图

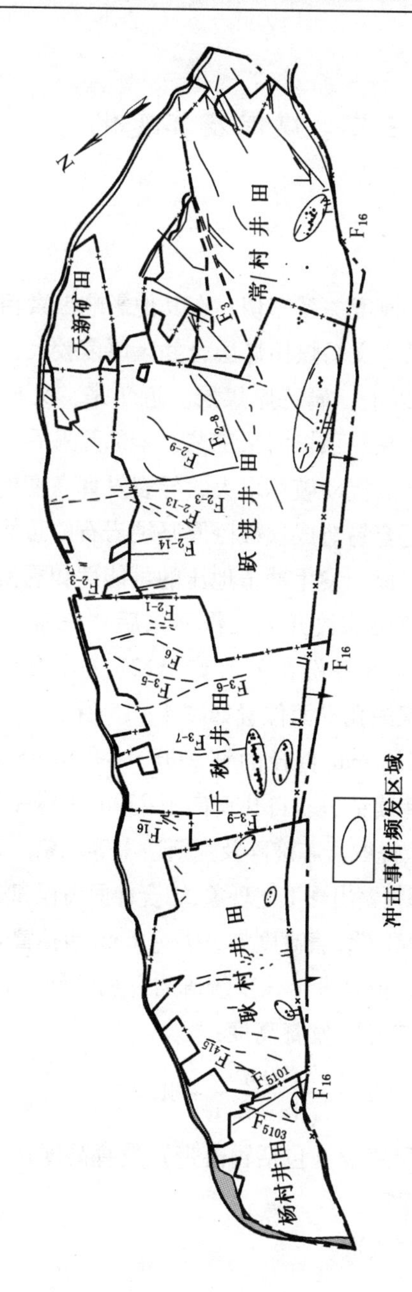

图4-14 义马煤田冲击地压事件与F_{16}断层位置关系

第三节　煤厚及其变化

一、煤厚

冲击地压与煤层厚度关系密切，在其他影响因素相同时，两者大体呈正相关关系。义马煤田煤层合并区厚度较大，大部分区域煤层厚度在10 m以上，属特厚煤层。近年来，义马煤田各矿井普遍采用一次采全高放顶煤回采工艺，全部开采后，煤层厚度大的区域必然对顶板的扰动破坏也大，导裂发育高度更高，波及的上覆砾岩更厚，更容易造成顶板巨厚坚硬岩石的猛然断裂和所蕴藏弹性能的瞬间释放，发生冲击地压的可能性和规模也大。

为了确定特厚煤层综放开采工作面采后“三带”的发育高度，工作人员2009年8月份在千秋矿21121工作面对应地表施工两个探查钻孔，探测孔平面位置如图4-15所示。

1号钻孔采用130 mm直径的钻头开孔，孔深45.57 m时用110 mm直径的钻头持续钻进。自孔口向下219m以深钻进过程中，频繁出现漏浆、掉钻、提取岩芯破碎及瓦斯逸出等现象。2号钻孔自孔口向下248 m以深频繁出现上述现象，结合地面高程和煤层底板标高推测该区域导水裂隙带发育高度为390~416 m(包括冒落带高度)。

义马煤田煤层顶板发育上侏罗统砾岩，属坚硬岩石，采用下式计算采后顶板“三带”发育高度：

$$H_f = \frac{100M}{2.4n + 2.1} + 11.2 \qquad (4-9)$$

式中　H_f——导水裂隙带（包括冒落带）发育高度；

M——累计采厚；

n——煤分层层数。

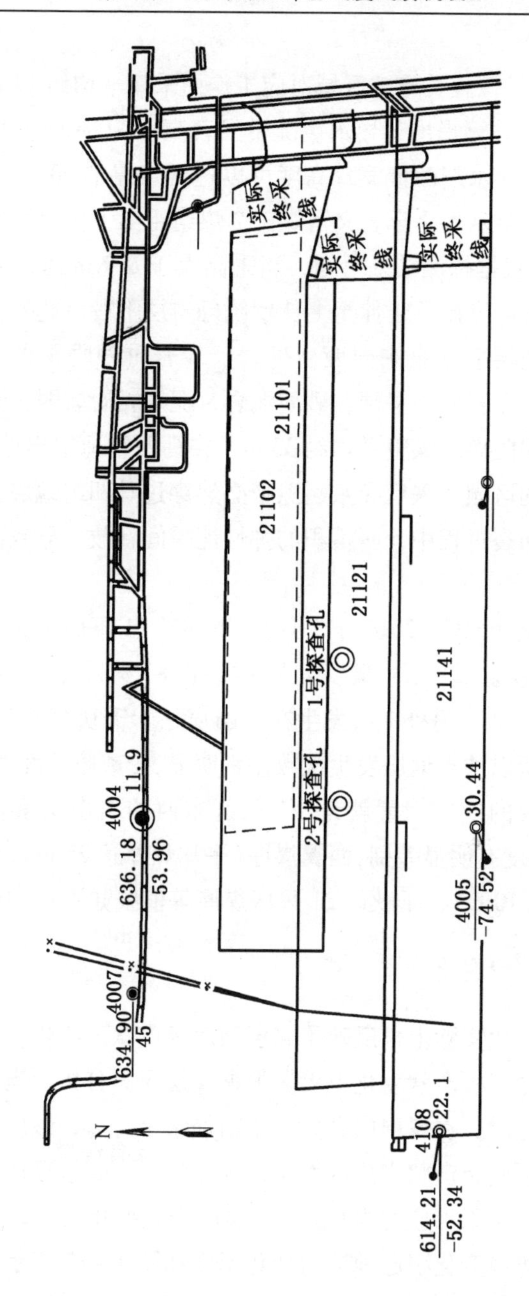

图4-15　千秋矿“三带”探测孔平面位置图

“三带”探查孔施工区域对应工作面采高平均约17 m，通过式（4－9）计算得出，导水裂隙带发育高度为389m。实际探测成果表明，导水裂隙带发育高度可以达到煤厚的23～24倍，与理论计算结果基本吻合。义马煤田2煤组距离上侏罗统砾岩平均约200 m，根据探测结果可知，当采高大于8.7 m时，采后导水裂隙带发育高度便可延伸至上侏罗统砾岩层下段。此外，义马煤田马凹组地层岩性自东向西由砾岩、砂岩向砂质泥岩、泥岩过度。砾岩、砂岩较为坚硬，砂质泥岩、泥岩相对软弱，义马煤田马凹组地层距离2煤组平均约35 m，在马凹组地层岩性以砾岩、砂岩为主的区域，采后导水裂隙带必然穿过马凹组地层，在坚硬顶板猛然断裂过程中，所蓄积的弹性能瞬间释放，导致冲击地压的发生。

根据统计，截至2014年7月，千秋煤矿21下山采区共发生冲击地压39次。其中，34次发生在西翼，占87%；少数发生在东翼，共4次，占10%；另外1次发生在下山煤柱。千秋煤矿21采区东西两翼之所以冲击地压发生次数差别明显，受威胁程度也不同，其中非常重要的地质因素就是，21采区东西两翼煤层赋存条件各异，煤层厚度有明显差别，西翼煤厚（平均煤厚达25 m）、东翼煤薄（平均不足10 m），千秋矿21采区煤厚等值线如图4－16所示。

二、煤厚变化

煤厚变化实际上也反映了煤层顶底板产状的变化，煤厚变化大，煤层顶底板产状变化也大。根据煤层受力分析，当煤层顶底板产状变化时，在煤层内必然产生附加水平应力，该应力大小取决于煤层顶底板产状变化的大小，煤厚稳定，煤层顶底板产状也稳定，则水平附加应力为0；如果煤层产状变化大，附加水平应力也大，煤厚变化引起地应力变化示意如图4－17所示。

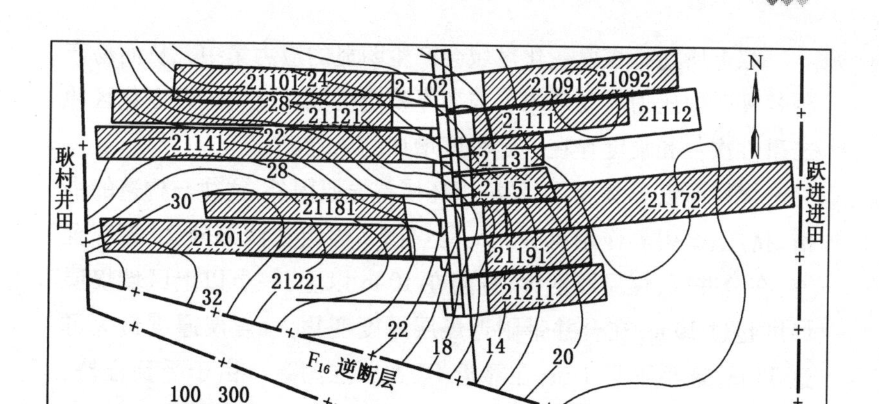

图 4-16 千秋矿 21 采区煤厚等值线图

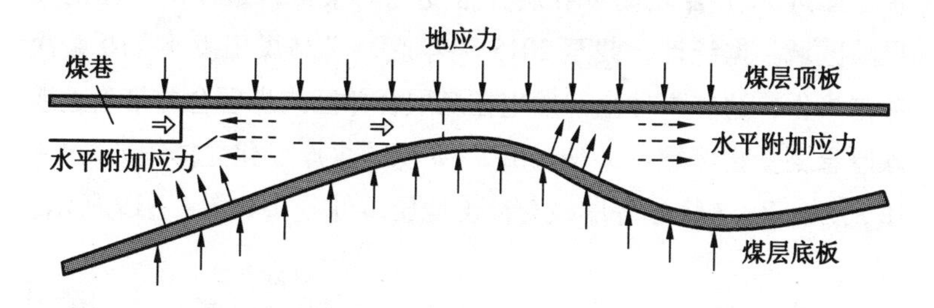

图 4-17 煤厚变化引起地应力变化示意图

大量的现场观测和地应力测量发现，在煤层厚度局部变化的区域内，地应力场会发生异常现象。煤厚变化引起局部地应力异常的特点如下：

（1）煤层厚度局部变薄和变厚的影响不同。煤层厚度局部变薄时，在煤层薄的部分垂直地应力会增加；煤层厚度局部变厚时，在煤层厚的部分垂直地应力会减小，在煤层厚的部分两侧的正常厚度部分，垂直地应力会增加。

（2）煤层厚度变化越剧烈应力集中的程度越高。

（3）当煤层变薄时，变薄部分越短应力集中系数越大。

综上所述，煤厚变化区域会产生明显的应力集中，从而易产生各种矿山压力显现现象，与煤厚稳定区域相比，煤厚变化区冲击事件次数和强度存在一定程度增加的风险。

煤层厚度异常变化,除沉积环境差异原因外,往往与构造的推滑、挤压、牵引等作用有关。义马煤田2煤组在浅部分叉、深部合并,在合并区,煤层厚度大,普遍在10 m以上,一半以上区域煤层厚度超过20 m;在合并带附近煤层厚度变化大,煤层厚度最大可达35 m,最小不足1 m;在靠近 F_{16} 逆断层附近，由于受到推挤、阻滞等地质作用，煤层急剧增厚，最厚超过100 m。煤层厚度变化区段易造成应力集中，容易发生冲击地压。因此，在煤层合并带、靠近 F_{16} 逆断层附近煤层异常变化的条带，是冲击地压的高风险区域。据统计，截至2015年年底，义马煤田发生110余次冲击事件，这些事件全部发生在煤层合并区或煤层合并带附近或煤厚急剧变化区域。义马煤田2－3煤层煤厚变化立体图如图4－18所示，2－3煤层等厚线与冲击地压事件分布如图4－19所示。

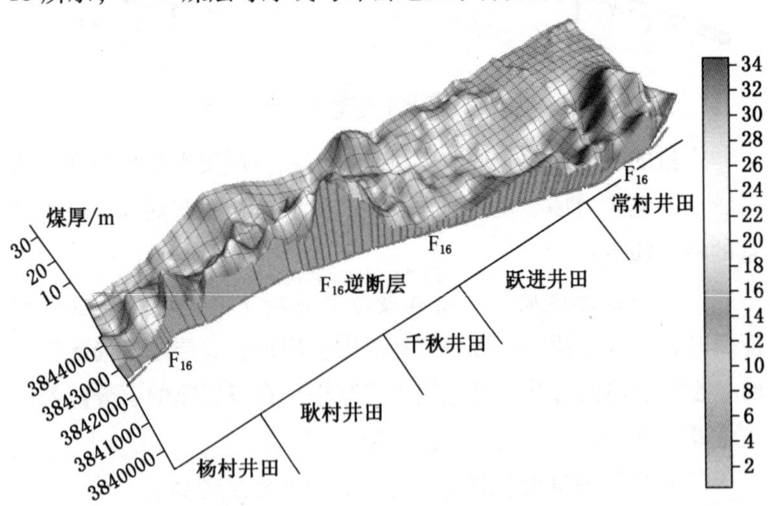

图4－18　义马煤田2－3煤层煤厚变化立体图

图4－19 义马煤田2－3煤层等厚线与冲击地压事件分布图

第四节 “两硬一软”的地层结构

我国大量冲击地压矿井中，煤（岩）层结构有一个共同的特点，即具有冲击危险性的煤层，其上通常有一层较厚（≥10 m）且坚硬的岩层。冲击地压的发生必然有大量的弹性能释放出来，因此，由底板—煤层—顶板组成的煤（岩）结构体必然在冲击地压发生前积聚大量弹性能。这种积聚一般表现在两个方面：一方面，坚硬厚层顶板中易存储弹性能，从而使煤（岩）体破坏过程中以突然、急剧、猛烈的形式释放出多余的能量，在坚硬顶板破断过程中或滑移过程中，大量的弹性能突然释放，形成强烈震动，导致冲击地压或顶板大面积来压等动力灾害的发生；另一方面，坚硬的顶底板岩层将软弱的煤体及相邻软岩夹紧，阻碍了深部煤体及其紧邻围岩的变形，使煤体积聚起很高的侧向压力，导致在煤层和围岩交界处形成很高的剪应力和相应的高压力，当煤体压力和剪应力达到一定数值并超过煤体极限强度时，就可能发生冲击地压。

义马煤田 2 煤组合并区域直接顶板为厚度大于 20 m 的泥岩；之上为马凹组地层，厚度 0 ~ 253 m，平均 166 m，煤田自西向东由砾岩逐渐转变为泥砂岩互层；再向上为巨厚砾岩层。煤层底板普遍发育有底砾岩，有的区域煤层与底砾岩直接相连；有的在二者之间发育有薄层泥岩、煤矸互叠层等。砾岩、砂岩比较坚硬，而煤层、煤矸互叠层、泥岩相对软弱。义马煤田“两硬一软”地层结构示意如图 4 - 20 所示，这种“两硬一软”的煤（岩）结构在造成坚硬顶板积聚弹性能的同时，煤体也将承受较大的挤压作用，在两者共同作用下，易导致冲击地压的发生。

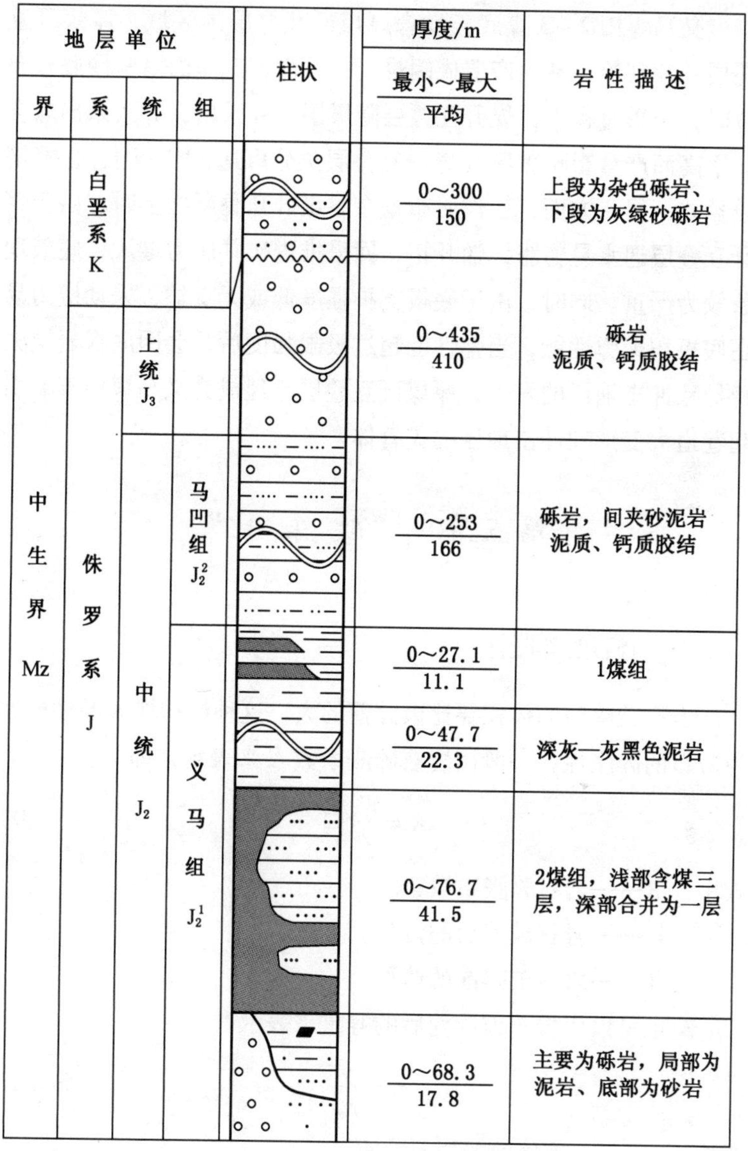

地层单位				柱状	厚度/m 最小～最大 平均	岩性描述
界	系	统	组			
中生界Mz	白垩系K				0～300 150	上段为杂色砾岩、下段为灰绿砂砾岩
	侏罗系J	上统J_3			0～435 410	砾岩 泥质、钙质胶结
		中统J_2	马凹组J_2^2		0～253 166	砾岩，间夹砂泥岩 泥质、钙质胶结
			义马组J_2^1		0～27.1 11.1	1煤组
					0～47.7 22.3	深灰—灰黑色泥岩
					0～76.7 41.5	2煤组，浅部含煤三层，深部合并为一层
					0～68.3 17.8	主要为砾岩，局部为泥岩、底部为砂岩

图4－20　义马煤田“两硬一软”地层结构示意图

义马煤田 2－3 煤底板发育厚煤矸互叠层的区域，厚煤矸互叠层的存在给矿井生产造成困难：一方面，工作面沿坚硬底板布置时，回采过程中，煤矸互叠层随煤层一并采出，导致采出煤含矸率高而严重影响煤质（煤矸互叠层灰分可达 50% 以上），经济效益差；另一方面，工作面布置在厚煤矸互叠层之上时，由于煤矸互叠层遇水易膨胀，随开拓、回采推进矿井压力增大，底鼓现象较为严重。同时，由于底板支护强度低或无支护，采动应力易在底板积聚弹性能，当弹性能超过极限强度后，会因底板岩层失稳导致冲击地压的发生，厚煤矸互叠层已经成为义马煤田五矿引起巷道大变形和冲击地压的灾害体。

第五节　“软 采 比”

一、岩石的碎胀性

岩石破碎后的体积要比破碎前的大，这种体积增大的性质称为岩石的碎胀性，一般用岩石碎胀系数 K 来表示，即

$$K=\frac{V'}{V}>1 \tag{4-10}$$

式中　K——岩石碎胀系数；

V'——岩石破碎后的体积；

V——岩石破碎前的体积。

K 也可以用岩石破碎前后的容重来表示：

$$K=\frac{\gamma}{\gamma_{破}} \tag{4-11}$$

式中　γ——破碎前的岩石容重；

$\gamma_{破}$——破碎后的岩石容重。

岩石碎胀系数的大小主要取决于岩石的组织结构以及破碎后的岩块形状和大小。一般越是致密而坚硬的岩石，其碎胀系数越大。

岩石破碎后，在其重力和外加载荷的作用下会逐渐压实，体积随之减少，碎胀系数比初始破碎时相应地变小，这种性质称为岩石的压实性。因此，对于同一种岩石，其碎胀系数 K 并不是一个固定值。岩石刚破碎时 K 值最大，随着时间的推移，岩石由于自身重量、外来压力和水的作用，K 值将逐渐减小。压实后的体积与破碎前的原始体积之比称为残余碎胀系数。

岩石碎胀系数 K 一般介于 1.05 ~ 2.20 之间，常见岩石的碎胀系数见表 4 – 2。

表4－2 常见岩石的碎胀系数

岩 石 名 称	碎胀系数 K	残余碎胀系数 K'
砂	1.06 ~ 1.15	1.01 ~ 1.03
黏土	<1.20	1.03 ~ 1.07
碎煤	<1.30	1.06
黏土页岩	1.40	1.10
砂质页岩	1.06 ~ 1.80	1.10 ~ 1.15
硬砂岩	1.50 ~ 1.80	—

二、"软采比"

煤层开采后，泥岩、页岩等软弱岩石容易冒落，砾岩、砂岩等坚硬岩石不易冒落而较长时间处于悬顶状态。地下开采会引起上覆岩层的冒落，由于岩石碎胀性的特点，冒落后体积会增大，如果煤层上覆岩层厚度较大，冒落后碎胀岩石高度达到坚硬岩层时，能够支撑坚硬顶板，避免坚硬顶板蓄积弹性能，甚至悬顶脆断。因此，为了表征工作面回采后，上覆岩层冒落支撑坚硬顶板的程度，引入"软采比"的概念，"软采比"即为煤层上覆软岩

厚度与采高的比值。软采比的计算式为

$$\lambda = \frac{n_1}{n_2} \qquad (4-12)$$

式中 λ——软采比；

n_1——煤层上覆软岩厚度，m；

n_2——采高，m。

义马煤田2－3煤到马凹组底界面之间多为泥岩、砂岩互层，受沉积环境差异影响，马凹组地层岩性自东向西、碎屑颗粒由大到小从砾岩、砂岩向泥岩过渡，煤层顶板上覆软岩采后易冒落。若2－3煤层顶板软岩厚度与煤厚比（软采比）较大时，岩石碎胀厚度大，当碎胀高度达到坚硬岩石时，能够对上覆砾岩起支撑作用，避免坚硬岩石处于悬顶状态，阻滞其脆性断裂；相反，“软采比”小时，采后冒落碎石厚度小，难以支撑上覆砾岩，导致悬顶，当坚硬顶板发生脆性断裂，储存于砾岩中的弹性能将瞬间释放而导致冲击地压的发生。

统计以前发生的冲击地压事件，并与义马煤田2－3煤“软采比”等值线进行对比后可以明显看到，义马煤田冲击事件频发区域一般位于本井田“软采比”较小的区域（表4－3、图4－21）。因此，可以判断：在其他地质因素相同的条件下，冲击地压与“软采比”大体呈负相关关系，即“软采比”越小，冲击危险性越强，“软采比”越大，冲击危险性越弱。

表4－3　义马煤田冲击事件频发区域“软采比”

井田名称	本井田“软采比”	冲击频发区域“软采比”
千秋井田	一般为1～18	<3
跃进井田	一般为1～16	<5 5～8（23070孤岛工作面）
常村井田	一般为2～12	<5

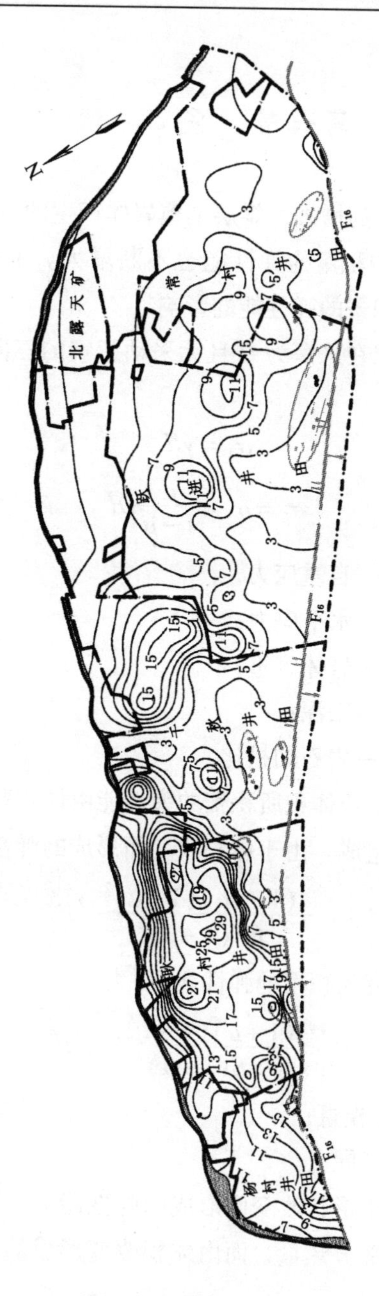

图4-21　义马煤田2-3煤"软采比"等值线与冲击地压事件分布图

第六节　采　　深

随着开采深度的增加，煤层上覆岩体产生的自重应力相应增大，煤（岩）体中积聚的弹性能也不断增大。本节重点研究开采深度对煤层内积聚的弹性能的影响。

理论上，煤层在采深为 H 且无采动影响的三向应力状态下，其应力为

$$\sigma_1 = \gamma H \tag{4-13}$$

$$\sigma_2 = \sigma_3 = \frac{\mu}{1-\mu}\gamma H \tag{4-14}$$

式中　σ_1——自重应力；

σ_2、σ_3——水平应力；

γ——岩体容重；

H——采深；

μ——岩石泊松比。

此时煤体中单位体积所积聚的弹性能由体积和形状改变形成的弹性能两部分组成。由于体积改变而形成的弹性能 U_V 为

$$U_V = \frac{(1-2\mu)(1+\mu)^2}{6E(1-\mu)^2}\gamma^2 H^2 \tag{4-15}$$

由于形状改变而积聚的弹性能 U_φ 为

$$U_\varphi = \frac{(1+\mu)(1-2\mu)^2}{3E(1+\mu)^2}\gamma^2 H^2 \tag{4-16}$$

式中　E——弹性模量；

其他符号意义同上。

若煤层中由于形状改变而形成的弹性能 U_φ 全部用于煤体的塑性变形及生成部分热量，而由体积改变形成的弹性能 U_V 全部

消耗于破碎煤体及使煤块获得一定的动能而产生运动或抛射，在不计应力集中影响时有

$$U_V = \frac{c}{6E}\gamma^2 H^2 \tag{4-17}$$

其中
$$c = \frac{(1-2\mu)(1+\mu)^2}{(1-\mu)^2} \tag{4-18}$$

式中　c——内黏聚力；

其他符号意义同前。

假设煤在单向载荷下的破碎强度为 σ_c，则用于破碎单位体积煤块所需的能量 U_1 为

$$U_1 = \frac{1}{2}\sigma_c \varepsilon = \frac{\sigma_c^2}{2E} \tag{4-19}$$

式中　ε——最大弹性应变；

其他符号意义同前。

假设巷道周边煤体处于双向受力状态，则所需能量比 U_1 要大，现用一系数 $K_0(K_0>1)$ 来表达，则破碎单位体积煤块的能量 U_2 为

$$U_2 = K_0 \frac{R_c^2}{2E} \tag{4-20}$$

式中　R_c——单轴抗压强度；

其他符号意义同前。

按冲击地压能量条件则有

$$U_V \geqslant U_2 \tag{4-21}$$

从而有

$$\frac{c}{6E}\gamma^2 H^2 > K_0 \frac{\sigma_c^2}{2E} \tag{4-22}$$

求得发生冲击矿压的初始采深 H 为

$$H \geqslant 1.73 \frac{R_c}{\gamma}\sqrt{\frac{K_0}{c}} \tag{4-23}$$

释放出来的动能为

$$U = U_V - U_2 = \frac{c\gamma^2 H^2 - 3K_0\sigma_c^2}{6E} \tag{4-24}$$

由以上分析可知，随着采深增加，煤体内积聚的弹性能也逐渐增大，超过自身破坏强度时释放出来的动能也更大，其表现形式为，受破坏的煤体大量快速涌入巷道，造成巷道被充填。同时，理论认为，当围岩应力大于岩石抗压强度的50%时，巷道壁就会出现岩石抛射，大于80%时，就容易产生冲击地压。

另外，深部开采煤层边缘区因其附加载荷加大，支承压力增加并传播叠加到煤层上方，使冲击危险的范围扩大。特别是已采煤层边界或煤柱的附加载荷增加更大，因此，随着采深的增加，冲击破坏的范围也将扩大。

目前，义马煤田内5座矿井开采时间均在30年以上，开采深度均超过500 m，最深达到了1060 m。随着采深的增加，在上覆岩层自重的作用下，煤体应力升高，煤体变形和积聚的弹性能增大，为冲击地压的发生提供了充分条件，发生冲击地压的危险性及其强度趋于增大，义马煤田采深等值线与冲击地压事件分布如图4-22所示。根据统计，截至2014年7月，义马煤田累计发生导致巷道损坏的冲击地压107次;600 m以浅18次，占17%；600 m以深89次，占83%（600～700 m，46次，占43%；700 m以深43次，占40%）。

为了更准确地表征冲击事件次数与采深之间的关系，引入“工作面冲击频度”概念，用其统计和反映一定采深范围内发生冲击地压的概率和难易程度，工作面冲击频度是指单个标准工作面发生冲击地压的次数。因为某一采深范围内，采空区面积有大

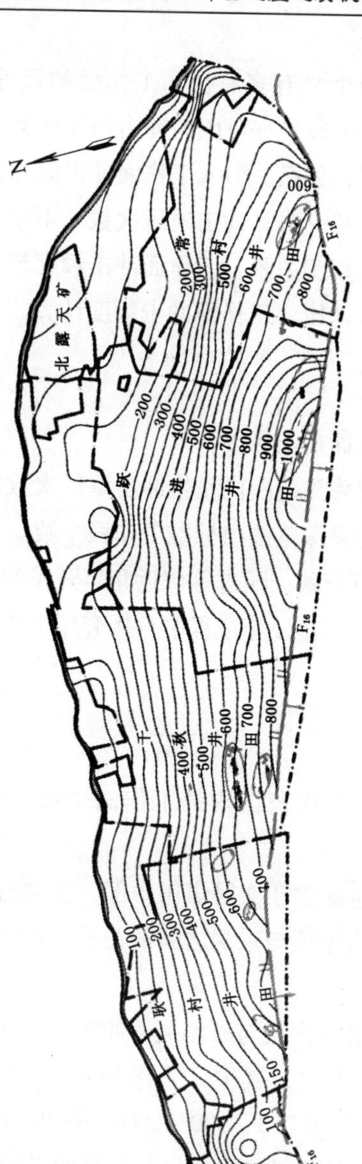

图4-22　义马煤田采深等值线与冲击地压事件分布图

有小，已采工作面个数有多有少，工作面的尺寸也可能差别较大，若直接统计分阶段采深范围内冲击地压次数，则难以真实反映冲击地压与采深的关系。引入工作面冲击频度这一概念后，就可以克服直接统计某一采深冲击地压次数之不足，准确反映冲击地压与采深之间的真实关系。工作面冲击频度越大，表明该工作面越容易发生冲击地压。工作面冲击频度计算式如下：

$$f_b = \frac{n}{m_s} \tag{4-25}$$

式中 f_b——工作面冲击频度；

n——一定采深范围内发生冲击事件次数；

m_s——一定采深范围内标准工作面个数。

由于义马煤田千秋、跃进等矿近几年开采的工作面尺寸差别不大，为简化计算，在计算过程中直接套用工作面个数，则上述公式转化为

$$f_b = \frac{n}{m} \tag{4-26}$$

式中 m——一定采深范围内的工作面个数；其他符号意义同前。

千秋矿和跃进矿位于义马煤田中部，受冲击地压灾害影响最严重，为说明冲击地压与采深之间的关系，特以此两矿为例做专门分析。

千秋矿冲击事件次数与采深关系如图 4－23 所示，千秋矿累计发生冲击事件 42 次，其中，采深为 400～600 m 的 3 次，占 7%，工作面冲击频度 0.3；600～800 m 的 39 次，占 93%，工作面冲击频度 3.9，反映了冲击地压与采深的正相关关系。

分析千秋矿冲击事件次数与采深相应关系时（图 4－24），发现采深 600～700 m 之间共发生冲击事件 32 次，工作面冲击频

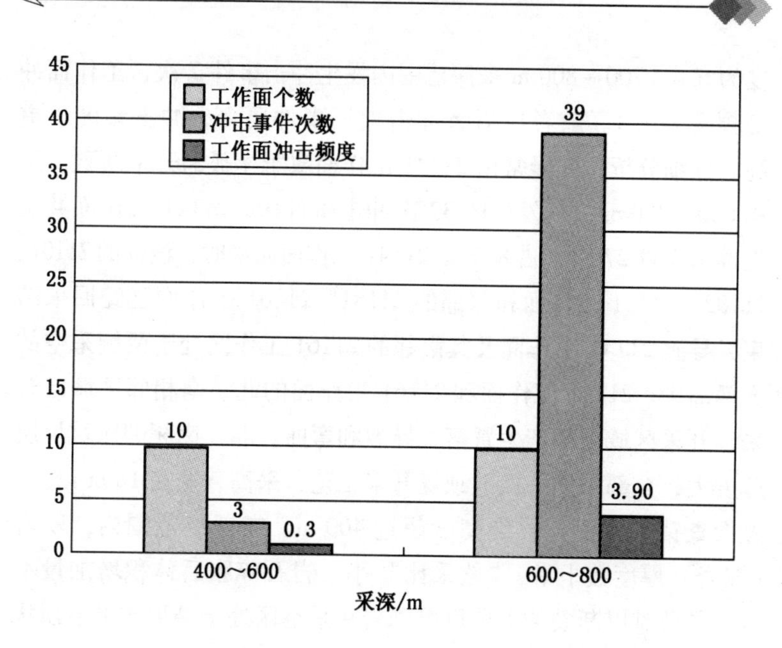

图4－23　千秋矿冲击事件次数与采深关系图

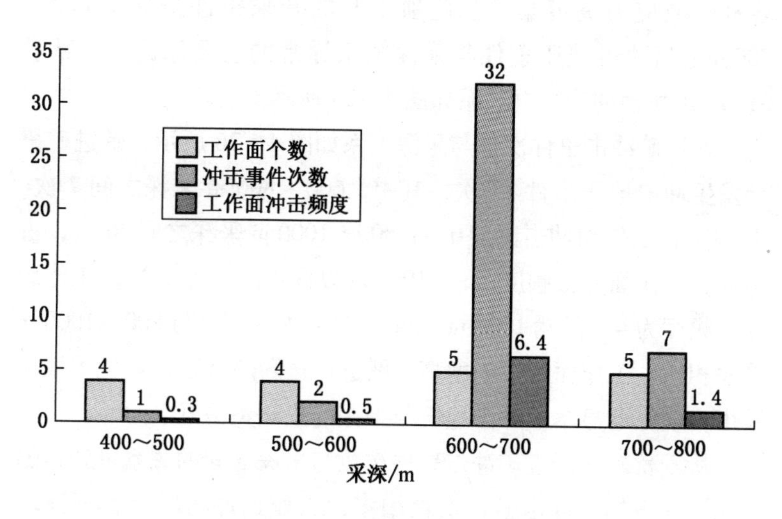

图4－24　千秋矿冲击事件次数与采深关系分析

度为6.4；700～800 m采深范围内发生冲击事件7次，工作面冲击频度为1.4。前者比后者冲击地压事件要多，冲击频度也更高。仔细分析，此异常由21141工作面属于半孤岛开采所致。采深600～700 m之间发生的32次冲击事件中，21141工作面共发生冲击事件27次，占84%。21141工作面回采时，浅部的21101、21102、21121工作面和深部的21181、21201工作面已经回采结束，导致21141工作面及其南邻的21161工作面处于两侧采空的大孤岛中。21141工作面和21161工作面的北、南相邻区域已开采，开采区域顶板产生冒落、导裂和弯曲。北、南相邻区域煤层厚度大，全部采用一次放顶煤开采工艺，采高普遍在18 m以上，经探查钻孔实测，冒裂高度超过400 m。在冒裂范围内，软岩（泥岩）厚度数十米，“软采比”小，岩石碎胀后体积增加量不足，导致难以断裂的上覆巨厚砾岩在采空区处于悬顶或半悬顶状态，四周处于悬顶状态的巨厚砾岩的重力转移至孤岛煤柱，造成煤柱区域应力高度集中。此项不利的开采条件是导致600～700 m之间冲击地压事件与采深关系异常的主要原因，千秋矿21141工作面周边采掘关系如图4-25所示。

跃进矿冲击事件次数与采深关系如图4-26所示，跃进矿累计发生冲击地压事件37次，其中，600～800 m采深之间7次，占19%，工作面冲击频度0.9；800～1000 m采深之间26次，占70%，工作面冲击频度2.9；1000 m以深4次，占11%，工作面冲击频度为4。虽然1000 m以深冲击次数少，但与800～1000 m采深相比，工作面冲击频度高。跃进矿按顺序开采，避免了孤岛采煤，较好地显示了冲击地压与采深的正相关关系。

从千秋矿和跃进矿冲击事件次数与采深之间的关系可知，随着采深的增加，冲击事件次数增多，工作面冲击频度也逐渐增大。抛开其他因素，冲击地压与采深呈正相关关系。

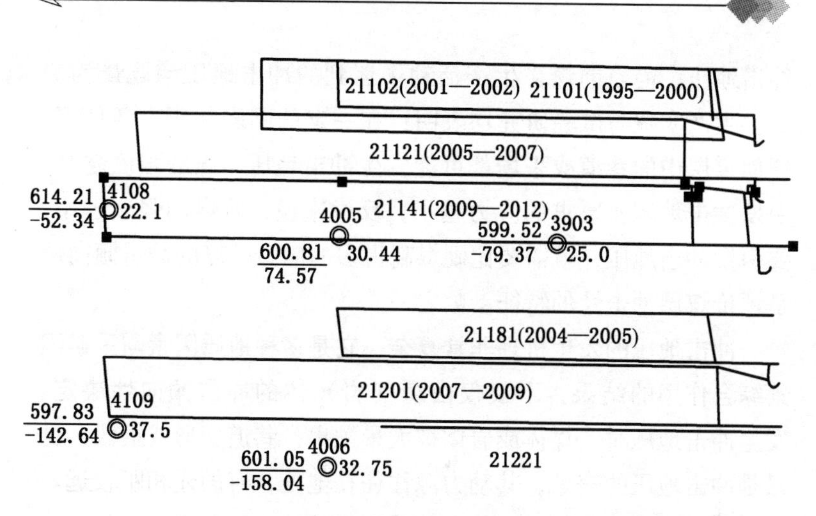

图4-25　千秋矿21141工作面周边采掘关系图

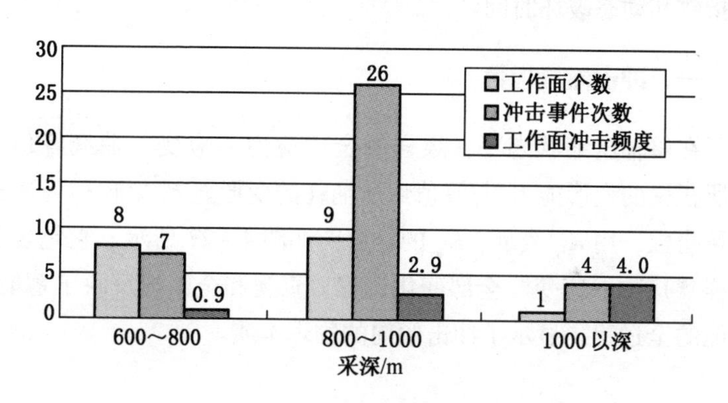

图4-26　跃进矿冲击事件次数与采深关系图

第七节　冲击倾向性

冲击倾向性是指煤（岩）体发生冲击破坏的固有能力或属性，是引起冲击地压的一个内在因素。煤矿或其他矿山均可发生冲击地压，但当前煤矿生产活动中遇到的冲击地压问题最为突出。生产实践与试验研究均表明：在一定的围岩与压力条件下，任何煤层中的巷道或采场都可能发生冲击地压；煤的强度越高，引发冲击地压所要求的应力越小，反过来说，若煤的强度越小，要引发冲击地压，就需要比硬煤高得多的应力。煤的冲击倾向性是评价煤层冲击性的特征参数之一。

冲击地压的发生机理非常复杂，它是多种地质因素与采矿因素综合作用的结果，不仅仅由煤（岩）体的冲击倾向性决定。发生冲击地压时，煤体或岩体被大量抛出，巷道变形或损毁，这只是冲击地压的表象，其动力源往往在他处，有的还相距较远。

对煤的冲击倾向性评价主要采用煤的冲击能量指数、弹性能量指数和动态破坏时间。

一、冲击能量指数

在单轴压缩状态下，煤样的全“应力 - 应变”曲线峰值 C 前所积聚的变形能 E_s 与峰值后所消耗的变形能 E_x 之比称为冲击能量指数，用 K_E 表示。K_E 的计算图如图 4 - 27 所示，它包含了煤样“应力 - 应变”全部变化过程，直观和全面地反映了蓄能、耗能的全过程，显示了冲击倾向的物理本质。

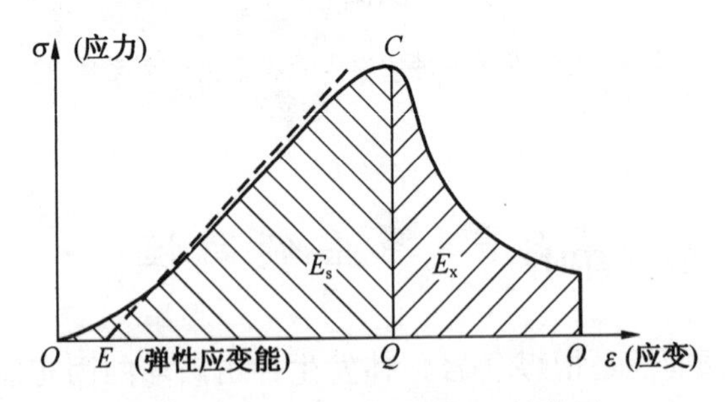

图 4 - 27　冲击能量指数 K_E 计算图

二、弹性能量指数

煤样在单轴压缩条件下破坏前所蓄积的变形能与产生塑性变形消耗的能量之比称为弹性能量指数，用 W_{ET}表示。W_{ET}的计算图如图 4－28 所示，计算公式如下：

$$W_{ET}=\frac{E_{sp}}{E_{st}} \tag{4-27}$$

式中　E_{sp}——弹性应变能，其值为卸载曲线下的面积；

E_{st}——塑性应变能，其值为加载和卸载曲线所包围的面积。

显然，积蓄的能量越多、消耗的能量越少，发生冲击地压的可能性就越大，W_{ET}反映了煤岩的冲击倾向。

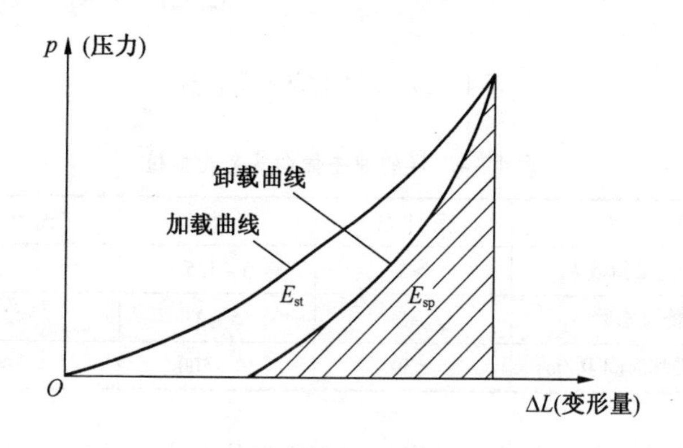

图 4－28　弹性能量指数 W_{ET}计算图

三、动态破坏时间

煤样在常规单轴压缩试验条件下，从极限载荷到完全破坏所经历的时间称为动态破坏时间，用 D_t 表示。动态破坏时间曲线如图4－29所示，D_t 综合反映了能量变化的全过程，是一种实用性较强的指标。

根据《煤层冲击倾向性分类及指数的测定方法》（MT/T 174—2000），用上述三项指标鉴定煤层的冲击倾向，把煤层的冲击倾向分为强烈冲击倾向、弱冲击倾向和无冲击倾向三类，各指标的界限值见表4－4。

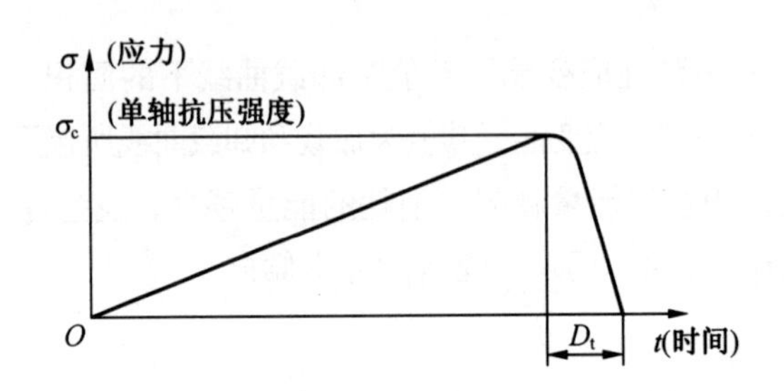

图4－29　动态破坏时间曲线

表4－4　煤的冲击倾向鉴定指标值

指　　标	强冲击	弱冲击	无冲击
冲击能量指数 K_E	≥5	5～1.5	<1.5
弹性能量指数 W_{ET}	≥5	5～2	<2
动态破坏时间 D_t/ms	≤50	50～500	>500

岩石冲击倾向性是指岩石积蓄变形能并产生冲击式破坏的性质，岩石冲击倾向性指数采用弯曲能量指数表示。弯曲能量指数是指在均布载荷作用下，单位宽的悬臂岩梁达到极限跨度积蓄的弯曲能量，用 U_{WQ} 表示，单位为kJ。用该指数把岩石冲击倾向性分为强烈冲击倾向、弱冲击倾向、无冲击倾向，各指标界限值见表4－5。

中国矿业大学、河南理工大学、北京煤科总院、辽宁工程大

学等高校和科研院所根据煤层和顶底板岩层冲击倾向性判别指标对义马煤田中部五矿的煤层冲击倾向性进行了鉴定，给出义马煤田五矿煤层为弱冲击倾向或强冲击倾向、具有冲击危险性的鉴定结果。常村煤矿和杨村煤矿岩样无冲击倾向，其余三矿均为弱冲击倾向，鉴定结果见表4-6。

表4-5 岩层冲击倾向性分类及指标

类 别	1类	2类	3类
名 称	无冲击倾向	弱冲击倾向	强冲击倾向
弯曲能量指数 U_{WQ}/kJ	≤10	10~100	>100

表4-6 义煤公司中部五矿冲击倾向性鉴定表

煤样						
单位	采样地点	弹性能指数 W_{ET}	冲击能指数 K_E	动态破坏时间 D_t/ms	综合评价	鉴定单位
千秋煤矿	—	3.91	4.71	170	弱冲击倾向	北京煤科总院
	21141工作面 2-1煤	2.76	2.70	132	弱冲击倾向	河南理工大学
	21141工作面 2-3煤	6.44	5.94	46	强冲击倾向	
耿村煤矿	—	16.6	9.2	138	强冲击倾向	辽宁工程大学
跃进煤矿	—	10.42	6.3	65.89	强冲击倾向	中国矿业大学
	23090工作面	3.53	3.56	275	弱冲击倾向	河南理工大学
常村煤矿	—	9.88	3.25	79.9	弱冲击倾向	中国矿业大学
杨村煤矿	13区南回风下山	3.92	4.47	46	强冲击倾向	北京煤科总院

表4-6（续）

岩样				
单位	采样地点	弯曲能量指数/kJ	冲击倾向性	鉴定单位
千秋煤矿	顶板	49.07	弱冲击倾向	北京煤科总院
	21141工作面高位钻场	66.02	弱冲击倾向	河南理工大学
耿村煤矿	—	—	—	
跃进煤矿	顶板上30 m范围岩层	11.1	弱冲击倾向	中国矿业大学
常村煤矿		1.983	无冲击倾向	中国矿业大学
杨村煤矿	13区南回风下山（顶板）	57.96	弱冲击倾向	北京煤科总院
	13区南轨道下山（底板）	9.63	无冲击倾向	

冲击地压的危险倾向由煤（岩）的特性决定。冲击倾向性理论认为，发生冲击地压的条件是煤体的冲击倾向性大于实验所确定的极限值，煤的强度大、弹性好冲击地压的倾向性就高，但并不是说，强度小和弹性差的煤层不会发生冲击地压。强度小和弹性差的煤层发生冲击地压的应力值比强度大、弹性好的煤层大得多，除此之外应力值的大小还取决于加载方式和加载速度。

在实践中，具有相同的冲击倾向性甚至同一煤层，只有少数区域发生冲击地压，或者具有强冲击危险性的煤层，实际发生冲击事件少并且弱，弱冲击危险性的煤层，实际发生的冲击事件反倒多并且强。如义马煤田冲击倾向性鉴定结果中，千秋煤矿煤层和顶板都属于弱冲击倾向性，但在义马煤田所属矿井中，千秋矿

冲击地压是最严重的。因此，在实际判断中，只有将冲击倾向性鉴定结果与其他影响因素结合起来综合分析，才能作为判断冲击危险性的依据。

需要说明的是，义马煤田形成冲击地压的机理非常复杂，煤（岩）的冲击倾向性鉴定结果对判定目标区域的冲击危险性有非常明显的局限性，可以作为防冲工作的一个参考指标，但不能作为判定冲击地压危险性和指导防冲工作的依据，这是因为：

（1）发生冲击地压的机理非常复杂，所涉及的因素很多，包括多种地质因素和采矿因素，是地质因素和采矿因素综合作用的结果。冲击倾向性只是地质因素其中的一个方面。

（2）冲击地压涉及的地质因素包括地质构造、岩性、煤（岩）层厚度等多个方面，而冲击倾向性只是岩性的一个方面。岩性既包括顶板、底板和煤层，也包括它们的组合关系，而岩性在垂向、横向上往往变化很大，很难对整体岩性的冲击倾向性进行鉴定和评价。

（3）采掘场所发生冲击地压的区域往往只是冲击地压显现的地点，并非震源所在地，二者有的还相距很远。

（4）受条件限制，用于冲击倾向性鉴定的煤样、岩样往往取自开掘巷道、采煤工作面的煤壁、岩壁或顶底板，而较远的顶底板和煤（岩）体同样对冲击地压起着重要作用。

（5）取样的地点和层位对冲击倾向性鉴定有重要影响。同一研究区域，如果取样地点、层位不同，冲击倾向性鉴定结果就可能有明显差异，甚至矛盾。如同样是义马煤田合并区 2－3 煤，煤层上部多为亮煤，煤质坚硬，普氏硬度系数为 2～3；而下部多为暗煤、丝炭，煤质较弱，普氏系数一般仅在 1 左右；同一煤层上下段物理性质差别很大。采煤工作面巷道一般沿底板或接近底板掘进，所采煤样往往不能代表煤层的整体性质。义马煤田

2－3煤直接底板有的区段为砾岩、有的为砂岩、有的为泥岩，岩性差别非常明显。岩样的岩性差异会导致冲击倾向性鉴定结果不一致。

(6) 煤（岩）体受到采掘扰动，煤（岩）样离开原始场所，所采岩样很难保持原始状态，其物理性质也会发生改变。

(7) 从实践来看，冲击倾向性鉴定成果与实际情况差别较大且相互矛盾。不少煤（岩）层鉴定为无冲击倾向性或弱冲击倾向性的区域发生了强冲击地压，而强冲击倾向性区域却明显较弱。

第八节　合并区煤层的垂向差异性

义马煤田2煤组在浅部分叉，共3层，自上而下分别为2－1煤、2－2煤和2－3煤。2－1煤广泛分布在煤田的浅部，2－2煤仅局部发育，主要分布在杨村、耿村两井田浅部和千秋井田的西北角。随着埋深的增加，2－2煤、2－1煤先后分别与2－3煤合并，合并后的煤层统称为2－3煤（图4－30、图4－31、图4－32）。合并区煤层在垂向上差异明显，具有“上硬、下软、底更软”的特点。合并区煤层上部与分叉区2－1煤同期沉积、形成，显示2－1煤的煤质特点，以亮煤、镜煤为主，煤体坚硬，坚固系数一般在2～3；而下部与分叉区2－3煤同期沉积、形成，以暗煤、丝炭为主，煤体较弱，坚固系数一般在1～1.5；而底板炭质泥岩和煤矸互叠层含有较高的黏土矿物组分，与2－3煤层相比更软，坚固系数一般不足1。义马煤田2－3煤层柱状图如图4－33所示。合并区煤层上硬下软、底板炭质泥岩和煤矸互叠层又软于煤层，加之底板支护强度低，故义马煤田冲击地压事件以底鼓破坏型居多，现场破坏情况如图4－34所示。

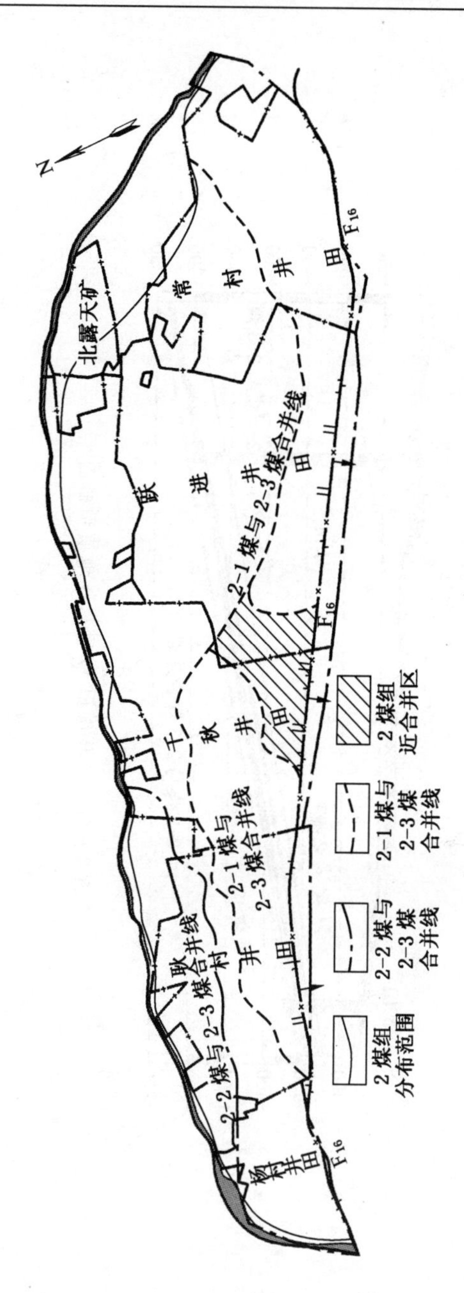

图4-30　义马煤田2煤组分布平面位置图

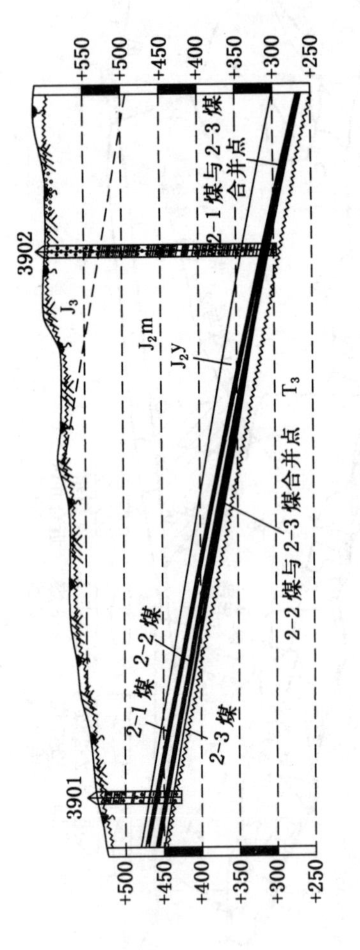

图4－31　义马煤田39勘探线地质剖面图

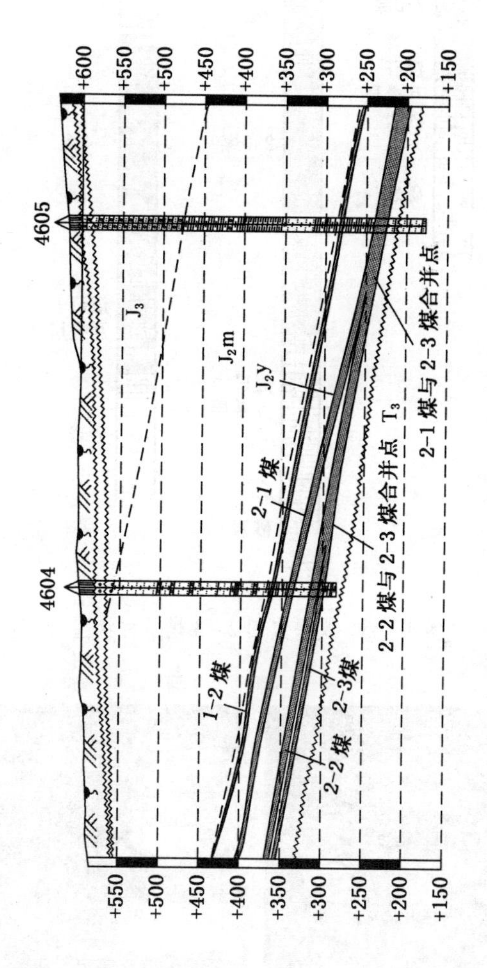

图4-32　义马煤田46勘探线地质剖面图

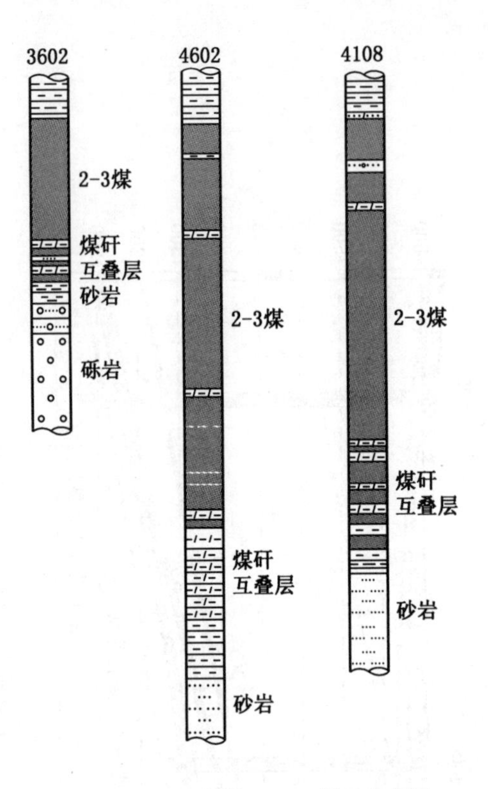

图4-33　义马煤田2-3煤层柱状图

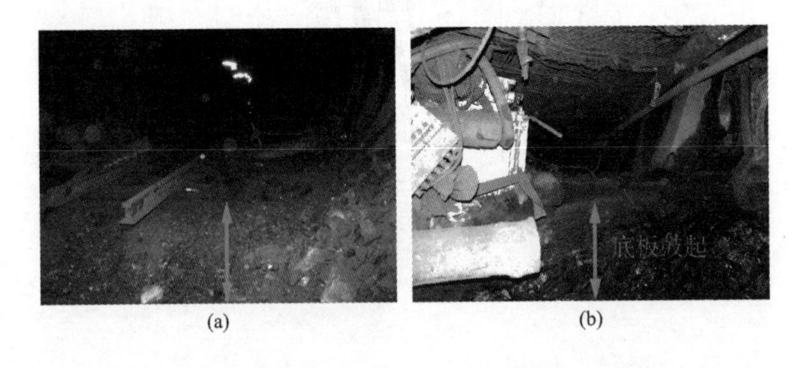

(a)　(b)

图4-34　义马煤田底鼓型冲击地压现场破坏情况

第九节 其他因素对冲击地压的影响

义马煤田发生冲击地压的因素很多，除了煤层上覆巨厚坚硬岩石（砾岩）、地质构造作用、采深、煤层厚度大、“两硬一软”的地层结构、软采比小、具有冲击倾向性等重要地质因素外，还有孤岛（半孤岛）开采、相向或背向开采、高强度开采等其他因素。

一、孤岛或半孤岛开采

煤矿巷道开掘和工作面的回采，必然导致应力的重新分布。为了维护巷道稳定、煤层的安全回采或保持采掘接替等，矿井曾采取跳采、条带开采或留有煤柱开采等方式进行回采。这些开采方式的实施必然会导致后期形成规则或不规则的（半）孤岛煤柱（“三面”或“四面”采空的煤柱）。孤岛形和半岛形煤柱可能受几个方向集中应力的叠加作用，因而煤柱区域应力集中，最容易发生冲击地压。

由于煤层和围岩的结构不同，煤柱宽度和埋藏深度不同，煤柱区域的应力要比原始应力大好几倍。最大应力多出现在靠近煤柱边缘部位，距边缘 10 ~ 30 m 不等。煤柱不但对本层开采有影响，而且对临层开采也有很大影响。根据地音监测和钻屑法观测资料分析，这种影响可能深达 150 m 或更多。影响因素是多方面的，诸如煤柱尺寸大小、煤柱与临层之间岩层性质、倾角、煤柱边缘影响角、回采区段与煤柱的相对位置等。义马煤田煤层上覆砾岩厚度巨大又比较坚硬、完整性好，采后难以垮落，易形成悬空状态。煤柱四周处于悬顶状态的巨厚砾岩层所储存的巨大弹性能既难以释放，又将悬空砾岩重力传递到煤柱区，使煤柱区域应力高度集中，容易造成冲击地压。义马煤田煤柱区域冲击地压统计见表4－7，截至2014年7月，义马煤田共发生107次冲击事件，61次发生在煤柱区域，占57%。

表4－7 义马煤田煤柱区域冲击地压统计表

煤柱类型	位　置	冲击地压次数	比　例
孤岛煤柱	千秋矿21141工作面	27	57%
	跃进矿23070工作面	6	
	千秋矿新井煤柱区	3	
下山煤柱	杨村矿13区下山底部	7	
	耿村矿西翼12区下山下部	2	
	耿村矿东翼13区下山下部	3	
	千秋矿21区下山中部区域	3	
	跃进矿25区下山下部	8	
边界煤柱	耿村矿13210工作面	2	

二、相向或背向开采

采掘工作面的相向或背向开采会导致应力叠加，易诱导冲击地压的发生。义马煤田千秋矿21141工作面位于21区西翼，由西向东回采，21172工作面位于21区东翼，由东向西回采，两工作面相向开采。相向开采诱发冲击事件示意如图4－35所示，2011年10月10日在21141下巷发生冲击事件，冲击事件发生时，21141工作面回采至510 m，21172工作面回采至1115 m。这次冲击事件能量为6.5×10^{7}J，震级为3.1级。冲击事件导致单体柱向两帮滑移，部分区段巷道变形，皮带架损坏。

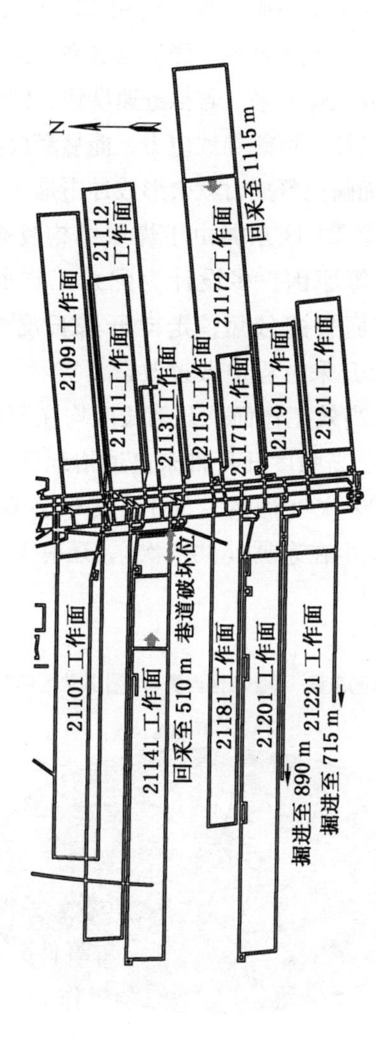

图4-35　相向开采诱发冲击事件示意图

三、开采强度

放顶煤开采技术在义马矿区推广应用20余年，已经非常成熟。放顶煤开采在增加生产效率、降低掘进率、提高回采率等方面优势明显。采用放顶煤开采，若推进速度快，则对顶板扰动破坏加大、冒裂高度增加，可能导致应力、能量释放不及时，当累积的能量超过极限而瞬间释放时就会形成冲击地压。

义马煤田千秋矿21区东翼由于煤层结构复杂、腰研之上煤层厚度向东变薄等原因，多设计为配采工作面，开采强度较小；一分层工作面普遍较短，走向开采长度多数仅260～500 m，部分工作面开采过程中做过改造，实际开采长度更短。21区西翼均为高产高效工作面，开采长度均在800 m以上，开采强度远大于东翼。高强度开采带来高冲击地压风险，21采区共发生冲击地压39次（图4－36），其中多数发生在西翼（共34次），少数发生在东翼（共4次），还有1次发生在下山煤柱。

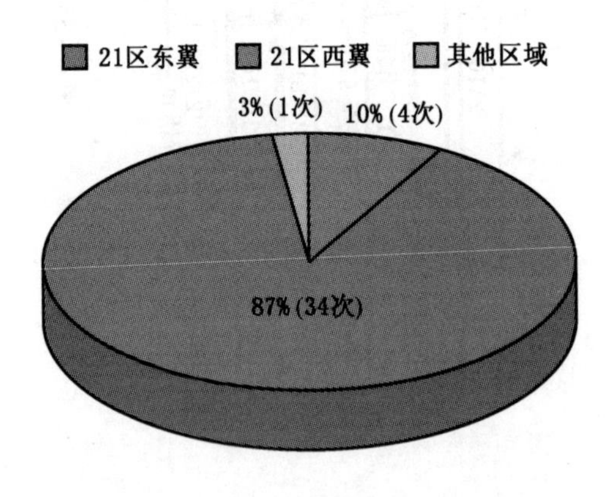

图4－36　千秋煤矿21采区冲击事件统计图

第十节 多种地质因素对冲击地压的耦合作用

义马煤田发生冲击地压是地质因素和采矿因素综合作用的结果，其中，地质因素有上覆巨厚砾岩、南北向的构造应力、煤厚大及煤厚变化大、“两硬一软”的地层结构等，多种地质因素构成了冲击地压发生的地质基础。不同区域参与作用的地质因素不同，现以矿井为单位，分析现生产区域地质因素对冲击地压的作用。

一、千秋矿

千秋矿目前处于停产状态，停产前，生产区域位于16区、18区和21区。其中18区和21区曾多次发生较为严重的冲击地压事故，尤其在21区下山区域，共发生冲击事件39次，占全矿井冲击事件的93%。该区域位于义马向斜核部，煤层顶板砾岩平均厚度为450 m，采深已达800 m，西翼煤厚多在20 m以上，东翼煤厚近10 m，在矿井南部边界附近还存在南北向构造应力挤压作用。煤层上覆巨厚砾岩厚度大、煤厚大及煤厚变化大、存在煤层分叉合并带、靠近F_{16}逆断层等地质因素易引发冲击事故，所以这里冲击地压事件最多，危害也最为严重。

2011年11月3日，千秋煤矿21221下巷掘进工作面发生冲击地压事故。21221工作面设计长度1520 m，开切眼长度180 m，煤层倾角10°~14°。冲击地压发生时，下巷掘进至715 m，距离发生位置73 m。290~460 m处巷道内加强大立柱向上帮歪斜，上帮棚腿向巷道内滑移，巷道高度最低处不足1.9 m，宽度最窄处为2.3 m；460~500 m、515~553 m段顶底板基本合拢；575~620 m段巷道部分地段底鼓变形严重，巷道高度仅有0.5~

0.8 m；620～640 m段巷道底鼓变形严重，巷道基本合拢。这次事故共造成10人死亡。

千秋煤矿21221工作面平面图如图4－37所示，21221工作面位于21下山采区西翼最下部，该区域位于义马向斜核部，采深大，最大约760 m。煤层上覆砾岩厚度最大400 m（由于临近F_{16}断层，受其推挤作用，局部被切割变薄），位于煤层合并区。煤厚大，平均约23 m。采后导裂高度高，对顶板扰动破坏大。煤厚变化大，距离F_{16}断层最近处不足150 m，受南北向构造作用明显。在上述地质因素耦合作用的基础上，在采矿因素诱导下，导致了2011年11月3日冲击地压的发生。

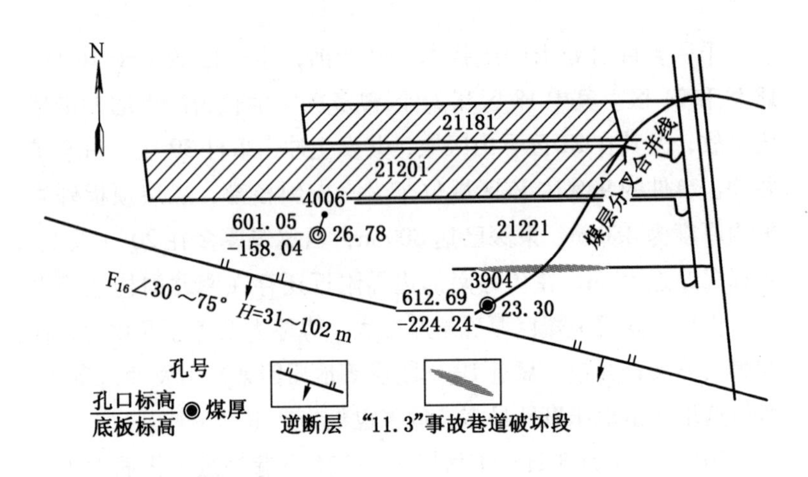

图4－37 千秋煤矿21221工作面平面图

二、跃进矿

跃进矿现开采区域主要集中在23区和25区。两采区位于义马盆地核部，煤层上部沉积覆盖层最厚且发育有以砾岩为主的白

垩系地层，成为义马煤田砾岩厚度最大的区域。加之以砂岩为主的马凹组地层，顶板坚硬岩石最厚近 900 m，坚硬顶板完整性好，抗变形能力强，采后不易垮落，地表沉降量小，软采比小，平均约 3。目前，两采区已接近最大采深，其中，23 区采深达 930 m，25 区采深已达 1060 m。同时，该区域位于义马向斜核部，靠近 F_{16} 逆断层，受南北向构造应力挤压作用明显。在上述地质因素的综合作用下，生产过程中两采区曾多次发生冲击地压事故，对巷道造成严重破坏。

2007 年 6 月 19 日，跃进煤矿 25080 回采工作面发生冲击地压事故。25080 工作面设计长 950 m，倾斜宽 155 m。工作面标高 -406 m。煤层倾角 11°～14°，平均 12°。冲击地压发生时，工作面剩余可采长度 260 m，上巷和下巷均不同程度受到破坏。整条下巷约 300 m 基本堵死，上巷外段 80 m 范围巷底鼓起 2 m 左右，剩余巷高约 0.7 m，影响运输、行人，并且地表有明显的震感，累计冲出煤量达 3700 m^3，造成运输系统瘫痪，设备破坏，导致工作面被迫停产，工作面下平巷皮带头两人受轻伤。

跃进煤矿 25080 工作面平面图如图 4－38 所示，25080 工作面位于 25 采区西翼最下部，该区域位于义马向斜核部，采深大，平均约 950 m。顶板上覆砾岩厚度大，加之以砂岩为主的马凹组地层，最厚可达 800 m。采深大，平均约 950 m，距离 F_{16} 断层近，最近处仅 430 m，平均煤厚 5 m。虽然工作面平均煤厚小，但在坚硬顶板、大采深、靠近 F_{16} 断层等地质因素耦合作用的基础上，在采矿因素的诱导下，导致了 2007 年 6 月 19 日冲击地压的发生。

三、常村矿

常村矿现生产采区主要集中在 21 采区。采区浅部未发生过

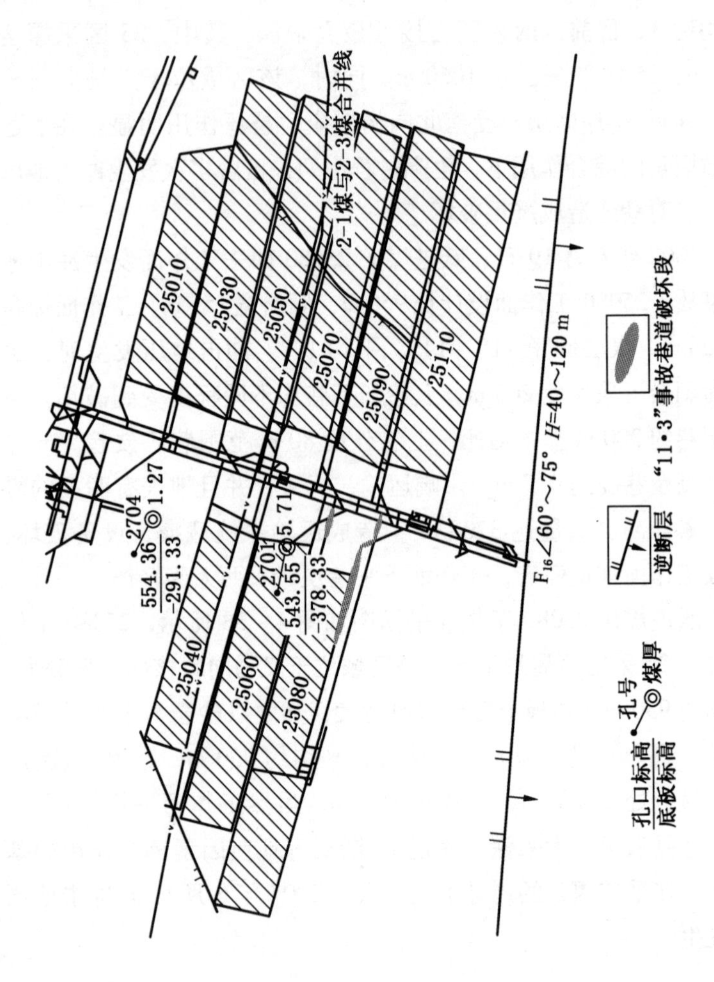

图4-38　跃进煤矿25080工作面平面图

冲击地压，冲击危险性较弱。但随着采深的增加，该区域砾岩厚度逐渐增大，最厚达700 m（除上侏罗统地层岩性为砾岩外，厚度约200 m的马凹组岩性也以砾岩为主）。同时，距离F_{16}断层也越来越近，受构造应力作用明显，但常村井田位于义马盆地东端（图4－39），属沉积边缘区，构造应力有所释放，又受岸上平移正断层等构造影响，井田内断裂构造较发育且走向集中，以50°～80°为主，与义马煤田断层总体走向有明显差异（义马煤田断层走向以近南北向为主）。井田内断层力学性质以张性为主，压剪性较少。张性断裂构造的发育使煤层顶板岩层完整性差，导致采后易充分垮落，地表沉降量大，冲击地压危险性有所减弱。

目前，21区西翼采深已达790 m，东翼采深已达690 m，最大采深将达880 m。虽然井田内发育的张性断裂构造能够减弱该区域的冲击危险性，但在采区深部煤层顶板坚硬岩层厚度大，靠近F_{16}断层等区域仍然具有较强的冲击地压危险性。

四、耿村矿

耿村矿现生产区域集中在12采区深部和13采区深部。其中，12采区深部区域煤厚平均约16 m，采深达545 m，工作面已跨越F_{16}断层。13采区深部区域砾岩厚度达400 m，煤厚平均约20 m，采深已达600 m，最大采深将达700 m。同时，两区域位于煤层合并区，煤厚变化大，距离F_{16}断层较近，受构造应力作用明显。在顶板砾岩、大采高、构造等易诱发冲击地压的地质因素的作用下，该区域发生过11次冲击地压，对巷道造成一定程度的破坏。

五、杨村矿

杨村矿现生产区域集中在13采区，并着手边角资源开采和废

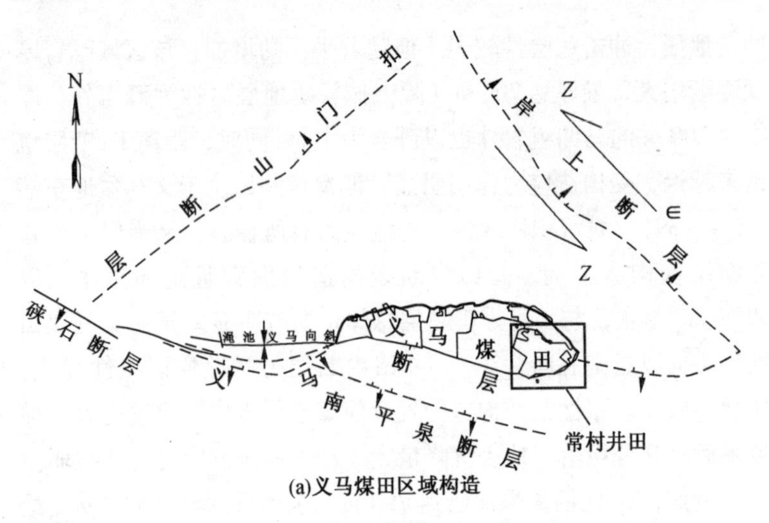

(a)义马煤田区域构造

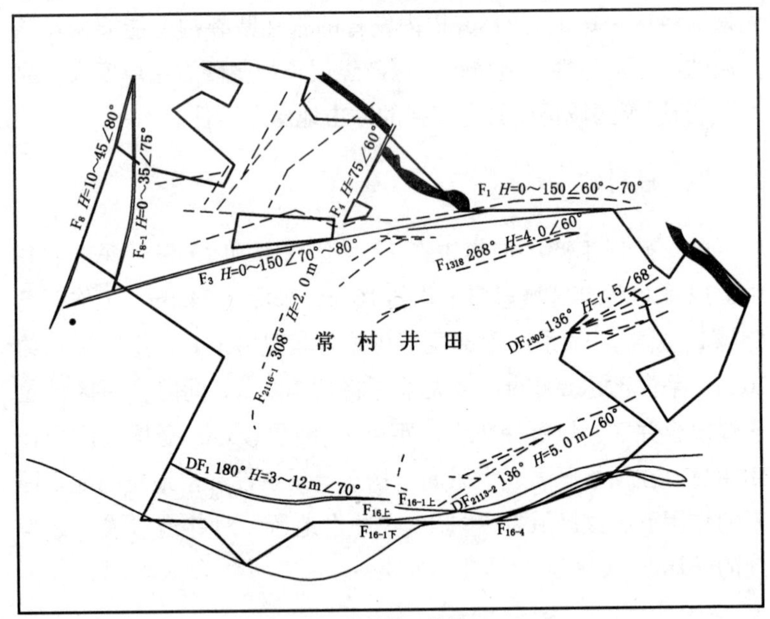

(b) 常村井田构造

图4-39 义马煤田区域构造与常村井田构造纲要图

弃煤柱回收工作。杨村井田位于义马煤田沉积边缘区，煤层顶板砾岩厚度较薄，砾岩厚度在 0 ~ 50 m，平均 12 m，马凹组岩性为砂质泥岩和泥岩互层，以泥岩为主，最大采深仅 400 m 左右，沉积边缘区有利于构造应力的释放，不利于形成冲击地压；但在靠近 F_{16}断层 200 m 范围内，向斜轴部存在较强的构造应力，煤层厚度在 25 m 以上等不利地质因素，使该区域发生了几起破坏程度较轻的冲击地压事件。

第五章 义马煤田冲击地压地质规律

第一节 分布规律

一、义马向斜核部

一般冲击地压大多发生在褶曲的轴部，而在褶曲的翼部宽缓部位则较少发生。这是因为地壳运动引起水平挤压，煤层发生弯曲，在褶曲两翼存在一个压应力 P_1，当地壳运动停止后，煤层有恢复原来状态的趋势，由此又产生一个拉应力 P_2，在 P_2 的作用下背斜轴部势必存在一个潜能 P_3，P_3 可认为是两侧 P_2 的合力，其方向来自顶板。同理，在向斜轴部也遵循这个原理，只是 P_3 来自底板。因此，在开采背斜轴部一般冲击地压来自顶板，向斜轴部则来自底板，褶曲受力示意如图 5－1 所示。

义马煤田的中心区域即义马向斜核部（具体位置包括跃进、千秋井田的深部以及常村井田的西南部、耿村井田的东南部），煤层之上的砾岩沉积覆盖层最厚（图 5－2），厚度达数百米，最厚达 700 余米（若含砂、砾岩互层，最厚 880 m）。核部区域采深大，坚硬砾岩完整性好，抗变形能力强，采后不易垮落，地表沉降量小，沉降系数小。同时该区域也是受 F_{16} 逆断层构造应力影响最大的区域，是冲击地压的高风险区域，义马煤田南部区域采后地表下沉量统计如图 5－3 所示。

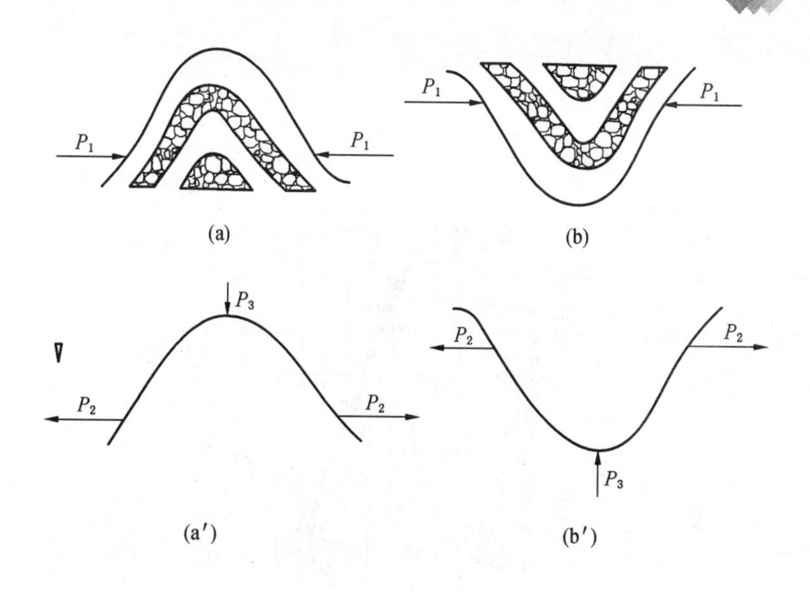

(a)、(b)—地壳运动对煤层作用力情况；

(a′)、(b′)—地壳运动停止后煤层受力情况

图5-1　褶曲受力示意图

二、厚硬岩层及厚度变化大的区域

义马煤田煤层顶板上覆坚硬岩石，坚硬岩石完整性好，抗变形能力强，采后不易垮落，易积聚顶板弯曲弹性能，当弹性能超过坚硬岩石强度时便导致冲击地压。杨村井田煤层上覆砾岩不发育，局部缺失，马凹组岩性又以砂质泥岩和泥岩为主，采后顶板易垮落，不易构成悬臂梁，弹性能可以得到释放，冲击地压危险较弱。千秋井田和跃进井田煤层上覆砾岩最厚，加之马凹组地层以砂岩为主，也属坚硬岩石，采后顶板不易垮落，易造成悬臂梁而积聚弹性能，冲击地压危险性强。随着坚硬岩石厚度的增加，冲击地压发生的频度和强度均有增大的趋势。同时，坚硬岩石厚

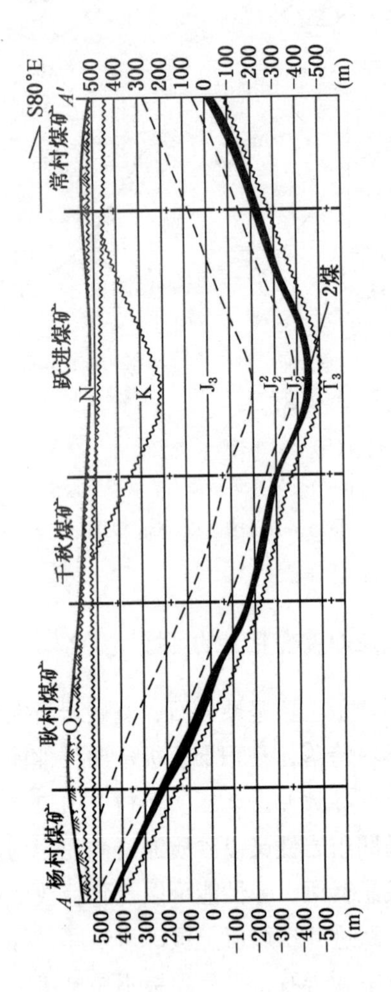

图5-2 义马煤田深部走向地质剖面示意图（AA′线）

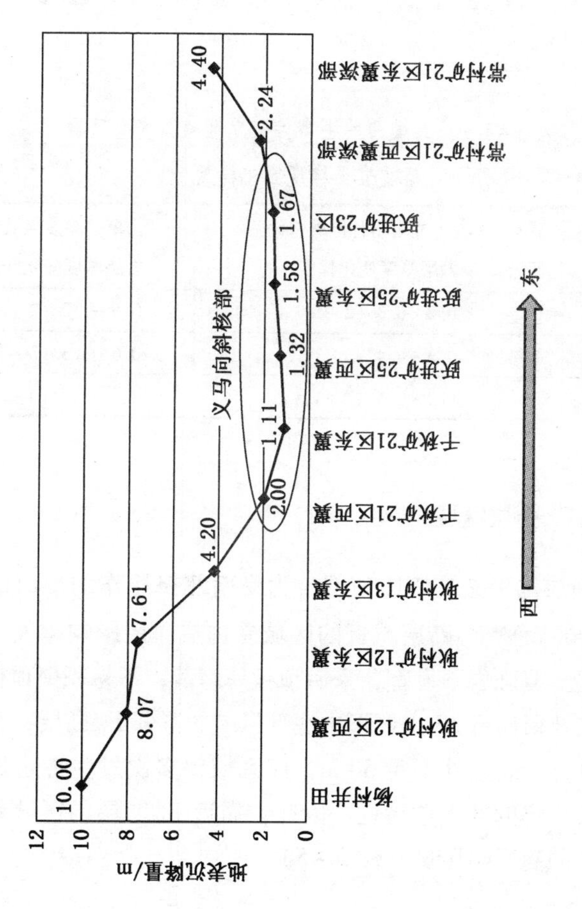

图 5-3　义马煤田南部区域采后地表下沉量统计

度变化大的区域（等厚线梯度较大区域）是冲击地压的高风险区域。选取义马煤田未发生冲击事件区域和冲击事件频发区域，分别计算对应区域煤层上覆坚硬岩层厚度变化梯度，结果表明，冲击事件频发区域变化梯度远大于未发生冲击事件区域（表5-1、图5-4）。

表5-1　义马煤田冲击事件频发区域与安全区域坚硬岩层厚度变化梯度

井田名称	未发生冲击事件区域坚硬岩层厚度变化梯度	冲击事件频发区域坚硬岩层厚度变化梯度
千秋井田	0.2~0.3（2-1）	0.6~1.0（2-2）
跃进井田	0.3~0.4（3-1）	0.6~1.3（3-2）
常村井田	0.2~0.4（4-1）	0.4~0.5（4-2）

三、F_{16}断层区域

F_{16}断层位于义马煤田南部，为受南北挤压作用形成的大型逆冲断层，距离F_{16}断层越近的区域受构造作用影响越大。杨村井田煤层上覆砾岩不发育，采后顶板易垮落，不易积聚顶板弹性能，但在井田南部13采区下山底部区域，紧邻F_{16}断层，平均距离仅100 m，最近处不足30 m，该区域曾多次发生冲击地压事件，具有一定的冲击危险性。因此，靠近F_{16}断层的区域是冲击地压发生的高风险区域（图5-5）。

四、煤层合并区或煤厚梯度大的区段

义马煤田2煤组合并区域（近合并区域）煤层厚度大，平均厚度超过15 m，受F_{16}逆断层牵引、推挤，在向斜轴部最大厚

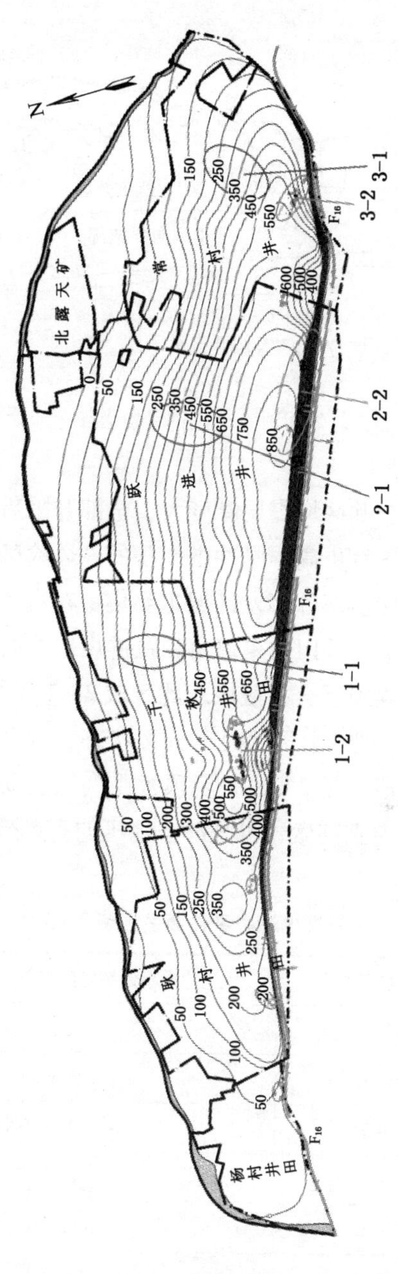

图 5－4 义马煤田冲击事件频发区域坚硬岩层厚度变化梯度

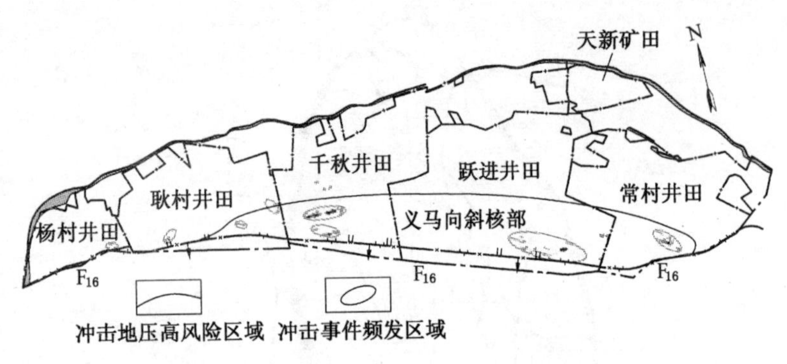

图5-5　义马煤田冲击地压高风险区域分布示意图

度达百米以上。合并区域煤层厚度大，全部开采后对顶板的扰动破坏也大，导裂发育更高，是冲击地压的高风险区域。据统计义马煤田所属5矿冲击事件频发区域主要集中在本井田煤厚较大区域（表5-2）。千秋井田的东南角和跃进煤矿的西南角相连的小块区域，属于2煤组近合并区域。此区域2-1煤与2-3煤的层间距大于0.5 m，理论上虽然处于分叉状态、没有合并，但实际层间距大部分地段不足3 m，采后顶板受到的扰动破坏和导裂发育规律与合并区差别甚微，也是冲击地压的高风险区域。义马煤

表5-2　义马煤田冲击事件频发区域2-3煤层厚度　　m

井田名称	2-3煤层厚度	冲击事件频发区域2-3煤层厚度
杨村井田	4~31	大于16
耿村井田	4~22	大于18
千秋井田	4~32	10~30（大于30 m区域尚未开采）
跃进井田	2~12	8~12
常村井田	2~20	11~16

田煤层厚度急剧变化的区域或条带，也就是煤厚等值线图等值线密集的区段，受构造应力作用，煤层被推挤、牵引，存在应力异常。因此，煤厚梯度大的区段也是冲击地压高风险区域（图5－7)。截至2014年7月，义马煤田发生的107次冲击事件中有100次发生在煤层合并区，占94%，剩余的7次发生在杨村井田，占6%，均发生在靠近煤层合并线的区域（图5－6、图5－7)。

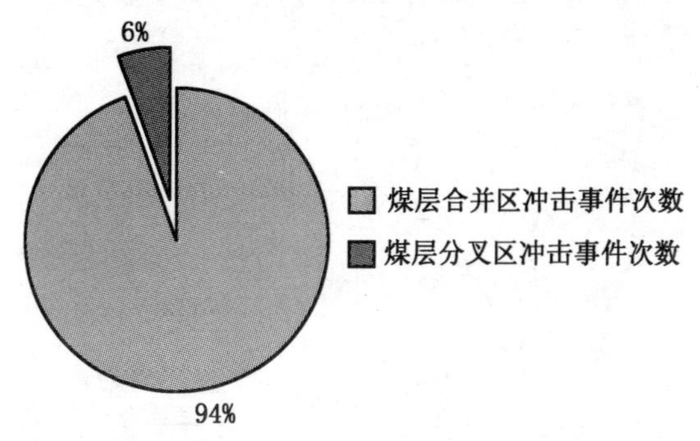

图5－6　煤层合并区与分叉区冲击事件次数对比图

五、冲击地压风险随着煤层埋深增加而增加

抛开孤岛开采等采矿因素，义马煤田冲击地压事件随着煤层埋深增加而增加；引入工作面冲击频度概念后，二者呈现较好的正相关关系。截至2014年7月，跃进矿累计发生冲击地压事件37次，其中，600～800 m采深之间7次，占19%，工作面冲击频度0.9；800～1000 m采深之间26次，占70%，工作面冲击频度2.9；1000 m以深4次，占11%，工作面冲击频度为4。虽然1000 m以深冲击次数少，但与800～1000 m采深相比，工作面冲击频度高。该矿按顺序开采，避免了孤岛采煤，较好地显示了冲击地压与采深的正相关关系。

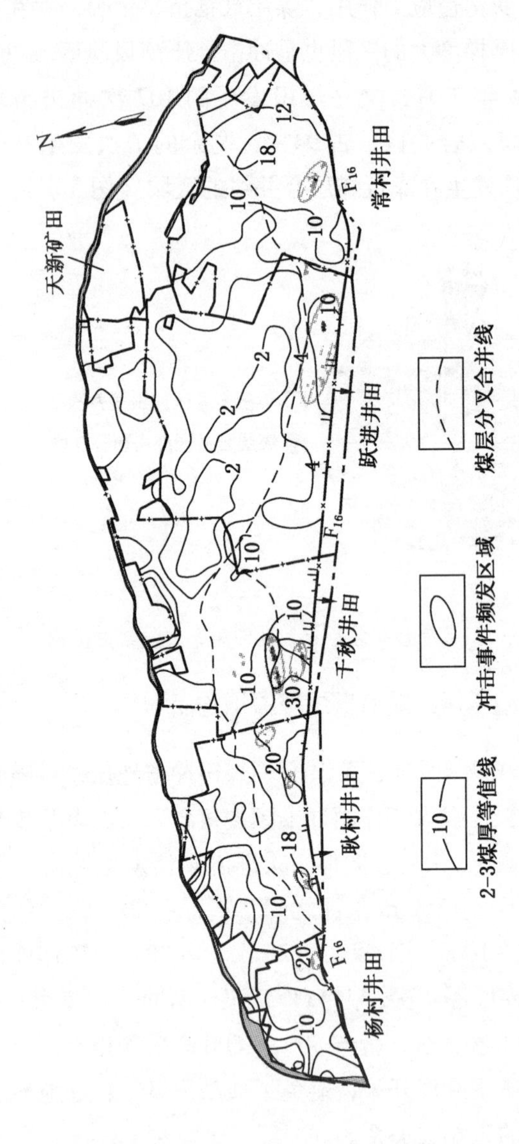

图5-7 义马煤田2-3煤厚等值线与冲击地压事件分布简图

六、马凹组地层硬岩比例高的区域

义马煤田中侏罗统马凹组平行不整合于义马组之上，厚0～238 m，由砾岩、砂岩、砂质泥岩、泥岩组成，受沉积环境差异影响，煤田自东向西，碎屑颗粒由大到小，岩性从砾岩、砂岩向泥岩过渡，马凹组砾岩比例变化曲线如图5－8所示。砾岩、砂岩较为坚硬，砂质泥岩和泥岩相对软弱。坚硬的砾岩、砂岩顶板采后不易垮落或垮落不充分，而软弱的砂质泥岩和泥岩采后易冒落。受马凹组岩性变化影响，义马煤田五矿“软采比”均值变化规律主要表现为马凹组硬岩比例大的区域，“软采比”小（千秋矿、跃进矿和常村矿)；马凹组硬岩比例小的区域，“软采比”大（杨村矿和耿村矿，义马煤田五矿“软化比”均值变化如图5－9所示。“软采比”大的区域，煤层上覆软岩厚度大，采后冒落可对坚硬顶板起到一定的支撑作用，减弱悬臂梁效应，降低冲击地压发生风险，反之，“软采比”小的区域，冲击地压风险大。

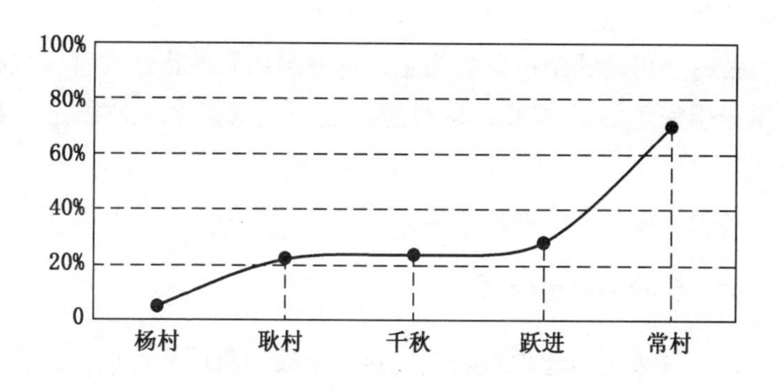

图5－8　义马煤田马凹组砾岩比例变化曲线

杨村井田和耿村井田，马凹组岩性为砂质泥岩、砂岩互层，

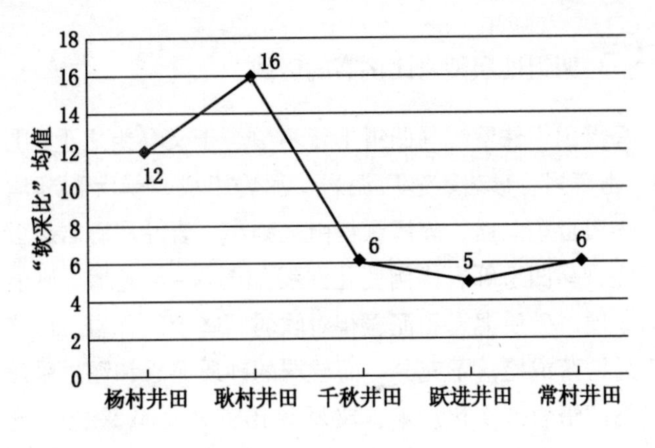

图5-9 义马煤田5矿"软采比"均值变化图

以砂质泥岩为主，采后顶板岩层易垮落，"软采比"大（平均15），地表沉陷量大（最大19.8 m），冲击危险性较弱。

千秋井田和跃进井田，马凹组岩性为砂岩和砾岩互层，以砂岩为主，加之上覆巨厚砾岩的影响，采后顶板岩层不易垮落，"软采比"小（平均6），地表下沉量小（最大为6.1 m），冲击危险性强。

常村井田马凹组以砾岩为主，但井田内张性构造发育，顶板上覆岩层完整性差，采后易垮落，地表下沉量大，冲击危险性较弱。

义马煤田马凹组地层主要岩性分布简图如图5-10所示。

七、沉降系数小的区域

地下开采会引起顶板岩层冒落、断裂、离层和弯曲。面积开采时可波及地表，引起地表下沉、变形和塌陷，形成下沉盆地。当采空区面积扩大到一定数值后，移动盆地的下沉值达到极值，之后再继续扩大采空区面积，虽然移动盆地的面积将继续扩大，

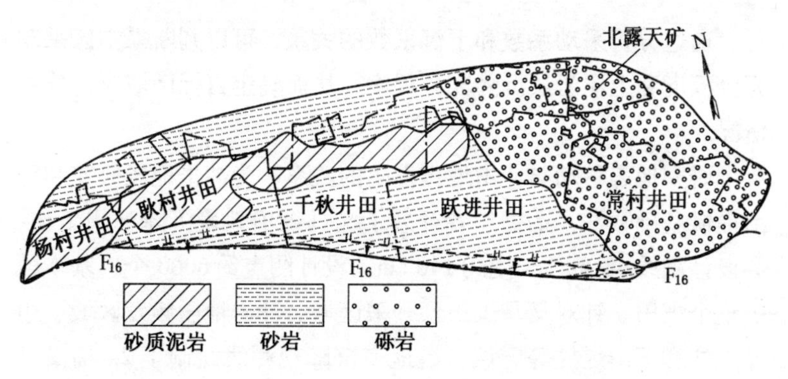

图 5－10　义马煤田马凹组地层主要岩性分布简图

但最大下沉值不再增加，这种情况称为地表被充分采动。地表被充分采动时，地表最大下沉值 W_{cm} 与煤层法线厚度 M 在铅垂方向投影长度的比值称为下沉系数，又称下沉活化系数。一般认为，下沉系数越大，采空区上覆岩层垮落越完全，地表沉降越充分，下沉系数与上覆岩层沉降充分程度关系见表 5－3。下沉系数的计算公式为

$$q=\frac{W_{cm}}{M\cos\alpha} \tag{5-1}$$

式中　q——下沉系数；

W_{cm}——地表最大下沉值，m；

M——煤层法线厚度和采厚，m；

α——煤层倾角，(°)。

表 5－3　下沉系数与上覆岩层沉降充分程度关系

下沉系数	上覆岩层沉降充分程度	下沉系数	上覆岩层沉降充分程度
＜0.3	远未充分沉降	0.5～0.7	近充分沉降
0.3～0.5	不充分沉降	＞0.7	充分沉降

通过分析采动系数和下沉系数的关系，可以判断采空区采动充分程度和上覆岩层沉降充分程度，从而确定目标区域应力集中情况。

研究地表移动与冲击地压发生的关系，为冲击地压研究和防治提供基础数据，本书作者开展了义马煤田地表沉降观测工作，共设计测线48条，长度约140 km，设计测点约6000个，基本覆盖整个煤田。针对义马煤田预开采区域、冲击地压频发区域、边界煤柱和下山煤柱等区域，沿地表沉降观测线绘制了24幅义马煤田地表沉降与地质因素比照剖面图（其中走向剖面10幅，倾向剖面14幅）。通过研究地表沉降量与煤厚、顶板岩性、构造等地质因素之间的关系，对顶板垮落充分性进行了分析，为圈出承重墙、悬臂梁、确定应力集中区、研判冲击地压危险性提供了地质依据，义马煤田地表沉降与地质因素比照剖面线平面位置图如图5－11所示。

（一）杨村井田

杨村井田地表下沉量分布直方图如图5－12所示，杨村井田地表下沉量0～19.8 m，下沉量15 m以上的为28个，平均下沉量5.98 m；杨村井田浅部至中部工作面充分采动后，下沉系数达到0.8～0.9，深部工作面开采时间短，下沉系数仅为0.2～0.4，地表仍在移动。杨村井田煤层上覆巨厚砾岩层基本不发育，采深在450 m以浅，符合一般地表下沉规律，下沉量主要与开采煤层厚度有关。

（二）耿村井田

耿村井田地表下沉量分布直方图如图5－13所示，耿村井田测量点数1537个，地表下沉量0～12.9 m，下沉量10 m以上的为21个，平均下沉量4.05 m。耿村矿巨厚砾岩厚度在0～300 m，采深在700 m以浅。受巨厚砾岩和采深综合影响，下沉系数较小，

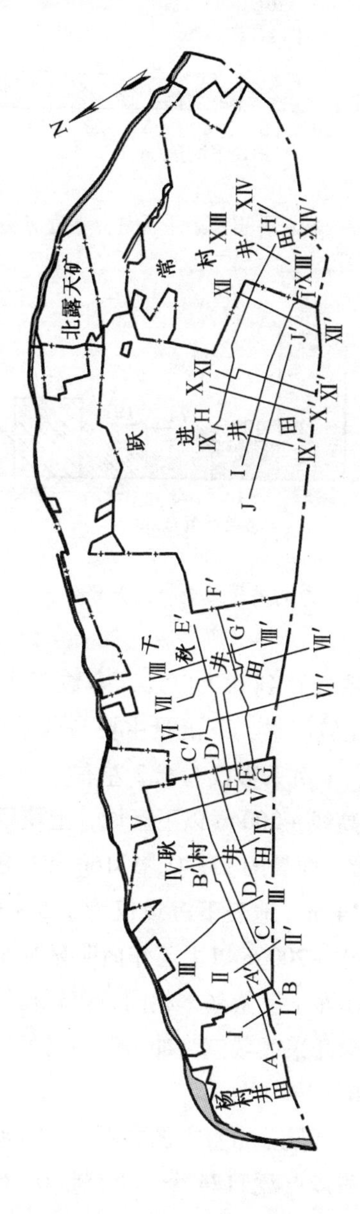

图5-11　义马煤田地表沉降与地质因素比照剖面线平面位置图

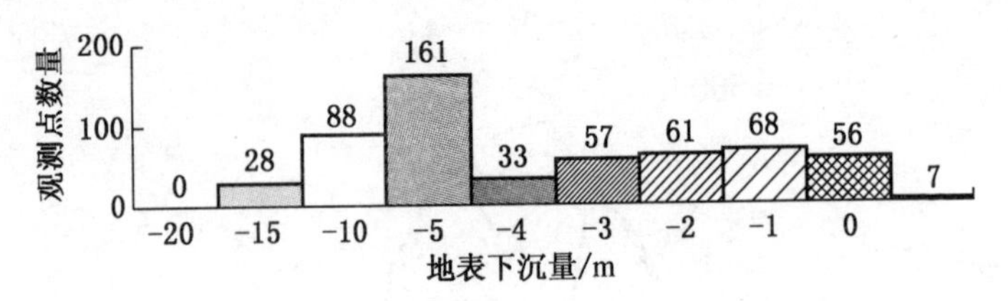

图 5-12 杨村井田地表下沉量分布直方图

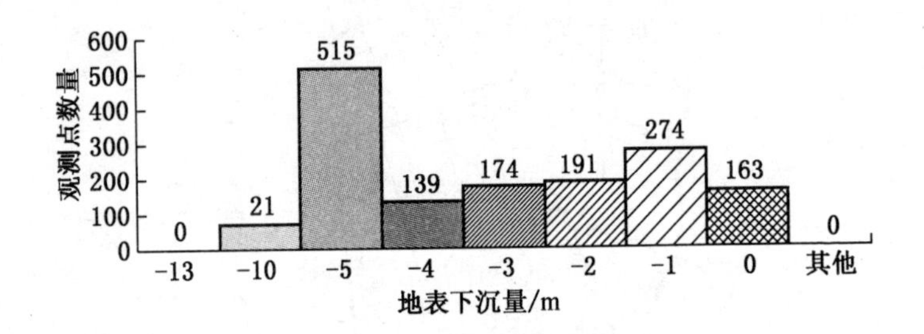

图 5-13 耿村井田地表下沉量分布直方图

除个别工作面下沉系数达到 0.7 以外，多数工作面均在 0.5 以下，地表下沉规律比较明显，下沉量主要与开采煤层厚度有关，深部地表仍在下沉，下沉系数仅为 0.2 左右。

13 采区底板等高线 +200 m 以下区域，上覆巨厚砾岩厚度达 250 m 以上。经测量，西翼的 13140、13160 和东翼的 13210 工作面，开采煤厚 10 ~ 14 m，地表下沉量仅为 1.5 ~ 3 m，下沉系数仅为 0.12 ~ 0.18，比 +200 m 以上工作面明显减小，深部未采区域下沉量与已采工作面下沉量基本相同，表现出明显的巨厚砾岩悬臂梁效应，深部未开采区域应为冲击地压易发区域。

（三）千秋井田

千秋井田地表下沉量分布直方图如图 5-14 所示，千秋井田整体下沉量较小，测量点数 1174 个，下沉量 0 ~ 6.1 m，超过5 m

的有 5 个，3 ~5 m 之间的 83 个，平均下沉量 1.23 m。千秋矿巨厚砾岩厚度在 0 ~500 m，最大采深达 800 m，受巨厚砾岩和采深综合影响，下沉系数从浅部到深部逐渐减小。据统计，巨厚砾岩厚度超过 250 m、采深超过 500 m 时，下沉系数在 0.3 以下，在冲击地压发生比较集中的 21 采区，下沉系数在 0.2 以下，地表下沉幅度很小。

千秋矿 21181 和 21201 工作面开采后，地表应达到充分采动。经测量发现，地表下沉量和下沉系数都很小，但是深部沉降影响很远，达 700 m 以上，距工作面南部 400 m 左右的陈沟村受损较严重。

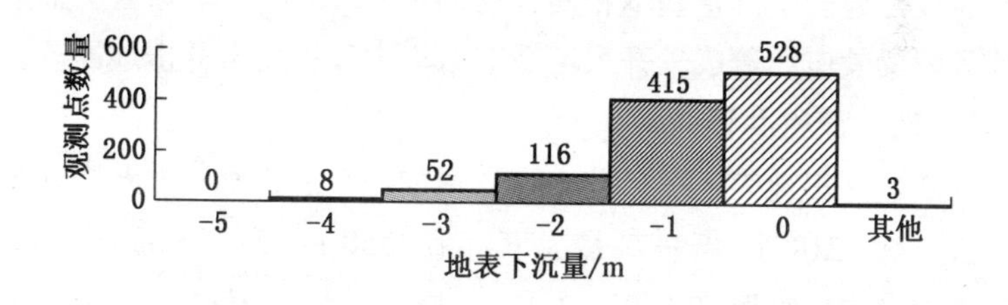

图 5 -14　千秋井田地表下沉量分布直方图

21 采区西翼工作面开采后，开采煤厚很大，但下沉量和下沉系数都很小且开采和未开采区域下沉量基本相同。据分析，该区煤层上覆巨厚砾岩达 300 m，煤层开采后没有折断，完整的巨厚砾岩层形成了悬臂梁效应，当开采达到一定面积时，对未开采区域的承重墙造成应力集中，易发生冲击地压。

21 采区西翼 21141、21181、21201 工作面已经开采，中间 2116 工作面尚未开采，但地表下沉值已达 2 m 左右，下沉量与相邻已采工作面几乎相同，甚至超过南部已采工作面，说明该区作为承重墙，受挤压后应力集中，为冲击地压易发区域。

21201 以南未采区域地表下沉影响范围很大，据测量，南部影响范围达 500 m 以上，下沉量与 21201 工作面下沉量基本相同，在距工作面 400 m 左右的陈沟村附近发现台阶式下沉。据分析，可能是受 F_{16} 断层影响，悬臂梁破坏，该区域承重墙应力集中，易发生冲击地压。

21 采区东翼 2115 和 2117 工作面开采厚度达 9 m，其他工作面采厚仅为 2 m 左右，但东翼整体下沉量基本相等，在 1 ~ 2 m。据分析，该区地质采矿条件与西翼相似，为巨厚砾岩层形成的悬臂梁效应，造成未开采区域应力集中，易发生冲击地压。

西风井二水平东大巷两侧已采工作面下沉量都比较小，与东大巷煤柱地表下沉量基本相同，均为 1.8 m，为巨厚砾岩层形成的悬臂梁效应，造成未开采区域应力集中，易发生冲击地压。

（四）跃进井田

跃进井田地表下沉量分布直方图如图 5 – 15 所示，跃进井田测量点数 1218 个，跃进矿最大下沉值 4.58 m，平均下沉 1.17 m。跃进矿巨厚砾岩厚度在 0 ~ 700 m，最大采深达 1060 m，受巨厚砾岩和采深综合影响，下沉系数从浅部到深部逐渐减小。25 采区巨厚砾岩厚度超过 500 m，西翼 25080 和 25060 工作面下沉系数达 0.6，下沉较充分，冲击地压发生较少。

25 采区东翼和 23 采区深部冲击地压发生比较集中。与 25 采区东翼相邻的 25010、25030、25050、25070、25090、25110 等工作面，开采厚度差别很大，其中 25110 综采放顶煤，采厚达 11.5 m，2507 工作面二分层开采，总采厚达 7.8 m，其他几个工作面，采厚只有 2.8 ~ 4 m，但是该区域（包括 23 区下山煤柱），地表下沉量基本相同，为 1 ~ 2 m。据分析，为巨厚砾岩层形成的悬臂梁效应，造成未开采区域应力集中，易发生冲击地压。

正在回采的 23070 孤岛工作面频繁发生冲击地压，经测量，

该工作面回采前已下沉 1.4 m 左右，与相邻的 23050 和 23090 工作面下沉量基本相同，该区作为承重墙，受挤压后应力集中，应为冲击地压易发区域。回采过程中，冲击地压发生后，地表下沉量明显增大。

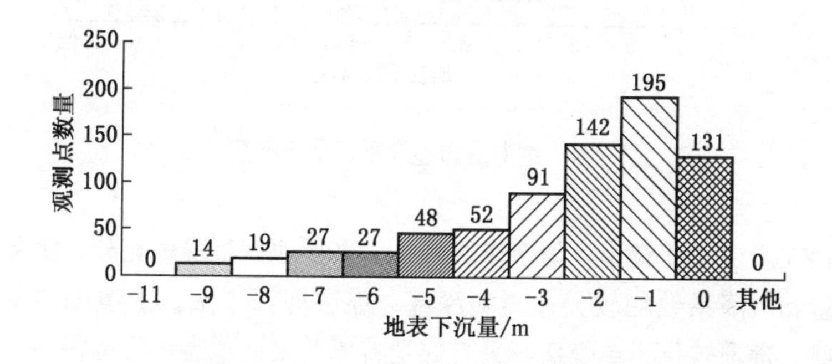

图 5－15　跃进井田地表下沉量分布直方图

（五）常村井田

常村井田地表下沉量分布直方图如图 5－16 所示，常村井田测量点数 847 个，常村最大下沉 10.5 m，平均下沉量 2.93 m。常村矿巨厚砾岩厚度在 0～400 m，最大采深达 700 m，下沉系数为 0.3～0.6，从浅部至深部工作面，下沉系数和下沉量逐渐减小，符合一般地表下沉规律。

21 采区底板等高线－100 以下区域，上覆巨厚砾岩厚度达 350 m 以上，开采煤厚 9～13 m。经测量，西翼的 21180、21200 和东翼的 2115 和 2113 工作面，地表下沉量仅为 1.5～3 m，下沉系数仅为 0.16～0.26，比－100 以上工作面明显减小，深部未采区域下沉量已达 1 m 以上，表现出明显的巨厚砾岩悬臂梁效应，为冲击地压易发区域。

综上所述，义马煤田浅部煤层埋深较浅、上覆砾岩较薄，并

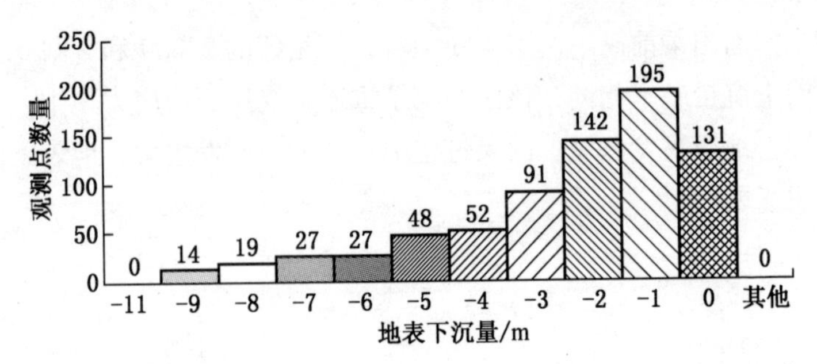

图 5-16 常村井田地表下沉量分布直方图

存在煤层厚度较小且为多煤层开采，采后地表沉降较充分，沉降量和沉降系数均较大；而朝深部，煤层埋深增加、上覆砾岩变厚、逐渐转化为单煤层开采且煤层特厚，采后地表沉降变得不充分，沉降量和沉降系数均较小。杨村井田和耿村井田西部煤层上覆砾岩不发育或厚度较小，且马凹组岩性以泥岩和砂质泥岩为主，采后上覆岩体易冒落，地表沉降量大，沉降系数大。义马煤田下沉系数等值线从浅部到深部逐渐变小，冲击事件频发区域主要集中在下沉系数小于 0.3 的区域，义马煤田下沉系数等值线与冲击地压事件分布如图 5-17 所示。沉降系数受顶板岩性、煤层埋深、煤层厚度、构造等地质因素控制，顶板坚硬岩石发育、煤

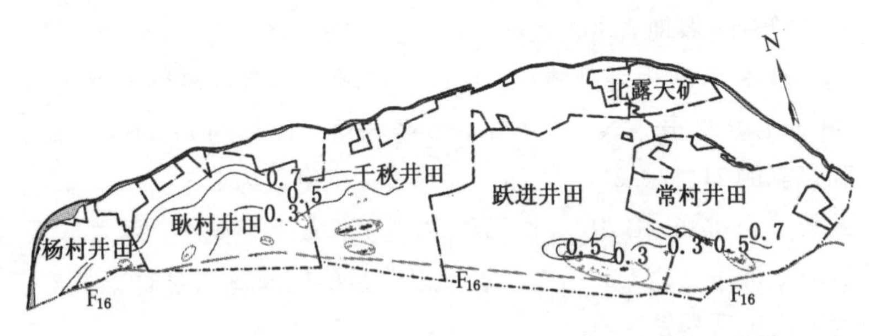

图 5-17 义马煤田下沉系数等值线与冲击地压事件分布图

层埋深大、煤层厚度大的区域冲击地压发生的风险就大，开放型的断裂构造对冲击地压风险起削弱作用。总体来看，冲击地压与地表沉降系数呈负相关关系，地表沉降系数小的区域，冲击地压风险高；地表沉降系数大的区域，冲击地压风险就低。

八、开放型断裂构造能够减弱冲击地压风险

地质构造对冲击地压的发生有较大影响。构造应力的作用可以使发生冲击地压的临界深度明显减少。在构造应力集中的构造地带，构造应力可导致冲击地压发生。而在开放型断裂构造区域，因构造应力释放，一方面造成坚硬顶板破断，降低其强度，在煤层开采后，破碎的顶板直接垮落，避免悬顶积聚弹性能；另一方面降低了煤层的冲击危险性，能够减弱冲击地压危险性。

常村井田位于义马盆地东端，受岸上平移正断层等构造影响，井田内断裂构造较发育。截至 2004 年 12 月，井下共发现断层 170 条，其中正断层 129 条，逆断层 41 条，断层走向较集中，以 50°~80°为主，常村煤矿井下断层走向玫瑰花图如图 5-18 所示，与义马煤田断层总体走向有明显差异（义马煤田断层走向以近南北向为主）。井田内断层力学性质以张性为主，压剪性较少。张性断裂构造的发育使煤层顶板岩层完整性差，采后易充分垮落，地表沉降量大，冲击地压危险性有所减弱。

由前面章节可知，断层及向斜等构造影响区、煤层合并分叉区、煤厚及坚硬顶板厚度急剧变化区域冲击地压发生风险较大。同时，断层、向斜一般作为矿—矿、采区—采区、工作面—工作面之间的隔离边界，上述边界与开采边界关系密切，很多是重叠的，这些重叠区域在地质与采动的共同作用下形成，冲击危险性较强。

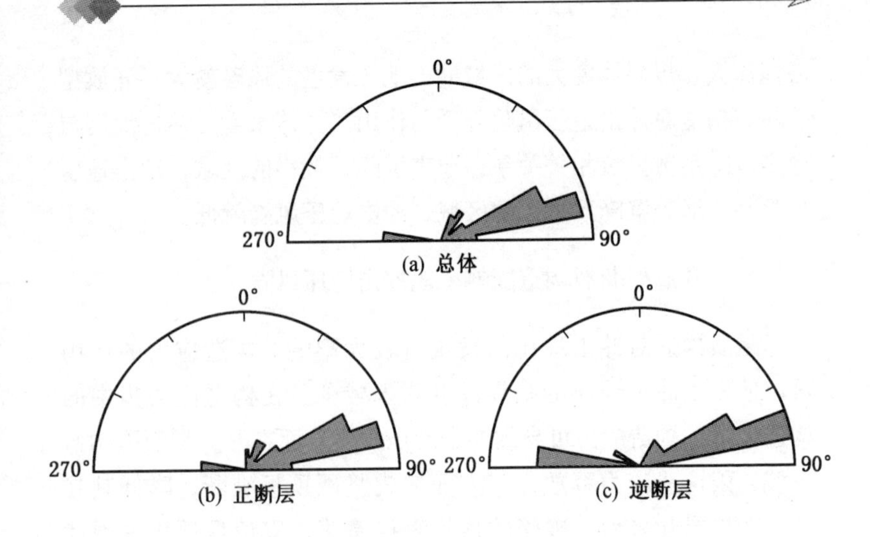

图5-18　常村煤矿井下断层走向玫瑰花图

第二节　活动规律

工作面回采过程中，基本顶悬臂在自重和上覆岩层的作用下会发生断裂垮落，工作面出现增压现象。当工作面继续推进，垮落的基本顶被甩入采空区，工作面又处于基本顶悬梁掩护之下，恢复到前述的状态。随着工作面的推进，基本顶的垮落与工作面增压现象重复出现，在不考虑构造等因素影响下，厚层坚硬顶板发生周期性折断，在掘进工作面和回采工作面两帮形成规律分布的应力集中带。随着回采的进行，在周期来压前的极短时间内，是采掘工作面应力集中程度最高的时刻，易导致冲击地压的发生，工作面上覆岩层周期性运动岩层断裂模型如图5-19所示。

因此，冲击地压的发生与采矿周期来压关系密切，往往与之相伴。一次主冲击地压发生前后，往往有一定的前兆和后续活

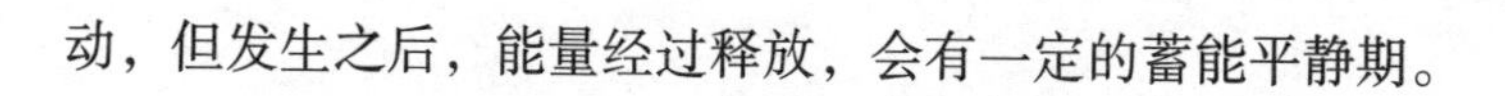

动，但发生之后，能量经过释放，会有一定的蓄能平静期。

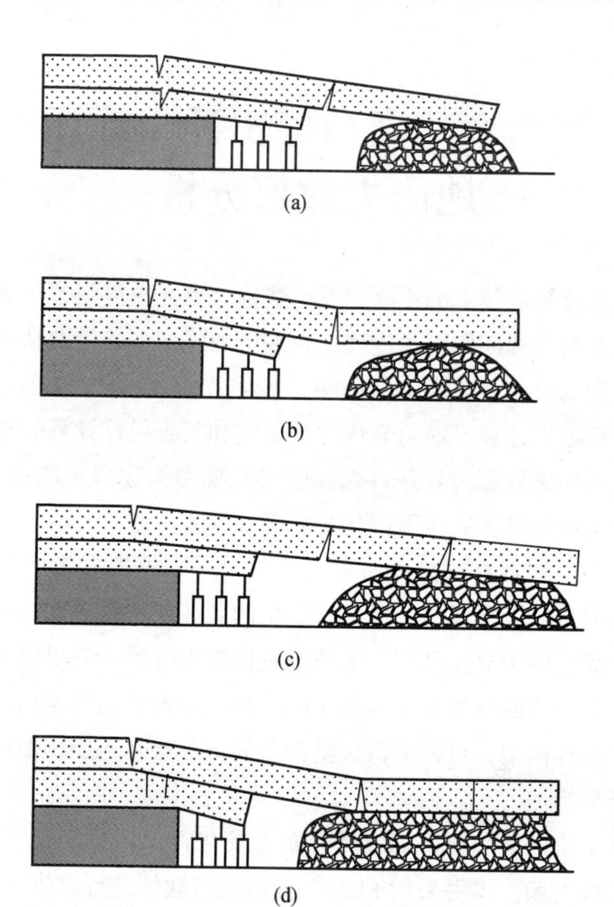

图 5－19　工作面上覆岩层周期性运动岩层断裂模型

第六章 义马煤田冲击地压地应力数值分析

随着计算机技术的不断发展，数值计算方法得到了长足的进步，复杂的工程问题可通过建立合理的数值模型并借助高性能计算机得到满足工程要求的数值解，各类数值分析程序应运而生，数值分析模拟计算已成为岩体力学研究和工程设计计算的重要手段。当初始条件和边界条件选择合理，模型构建得当的情况下，数值分析模拟计算完全可以代替物理试验方法。

FLAC^{3D}利用有限差分法求解，主要用来模拟岩土或其他材料在达到强度极限或屈服极限时发生的破坏或塑性流动的力学行为，尤其适用于分析破坏、失稳以及模拟大变形。它可以调整三维网格中的多面体单元来拟合实际结构，单元材料可采用线性或非线性本构模型，可以进行大范围及局部断层等地质构造区域的应力场分析。

为了研究义马煤田地应力分布与变化特征，特别是 F_{16} 断层附近的应力场，本书采用 FLAC^{3D}数值模拟软件进行数值分析。

第一节 数值模型的建立

一、几何模型

近年来，数值模拟方法有了长足的发展。国内一些学者对

AutoCAD、Surfer、Ansys 及 $FLAC^{3D}$ 等一些数值模拟软件的兼容性进行了深入研究，使这些软件实现优势互补，一些较大且复杂地质体的建模已经可以实现，这也使数值模拟结果更加真实可靠。本书的建模步骤如下：

（1）依据资料确定合理的模型尺寸。根据义马煤田 37 地质勘探线剖面（图 6－1）和义马煤田走向地质剖面线千秋矿段（图6－2），建立三维千秋矿地应力数值模拟几何模型。模型南北宽约 4240 m、东西宽约 1800 m、高约 1700 m（图 6－3）。

（2）根据地质资料，采用 AutoCAD 建立三维模型（每一分层需要面域成体），然后输出 sat 格式的文件。

（3）Ansys 软件读取该 sat 格式的文件，网格划分完毕后读取 $FLAC^{3D}$ 软件接口程序，输出 $FLAC^{3D}$ 格式的文件，$FLAC^{3D}$ 软件读取该 $FLAC^{3D}$ 格式的文件，至此完成建模。

二、边界条件与计算参数

本次数值分析所建立的材料模型定义为弹性材料，模型边界条件设置为上表面自由、左右边界为应力边界、下边界为竖向约束边界。模型岩石力学参数见表 6－1。

为了对千秋煤矿围岩地质力学状况做全面了解，天地科技股份有限公司与千秋矿合作，在已掘巷道中布置三个测站（测站位置见图 6－4），采用水力压裂法进行现场地应力测试。

各测点实测地应力结果见表 6－2。因 3 号测点实测地应力最大，本次数值模拟将 3 号测点所测地应力转换成三角形分布的围压作用于模型。

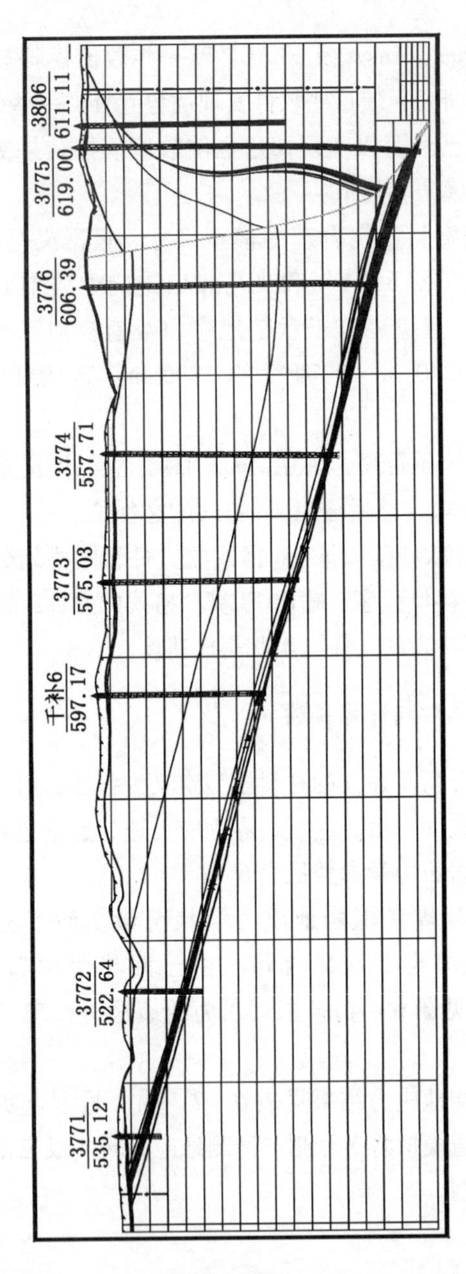

图6-1　千秋煤矿37勘探线矿井地质剖面图

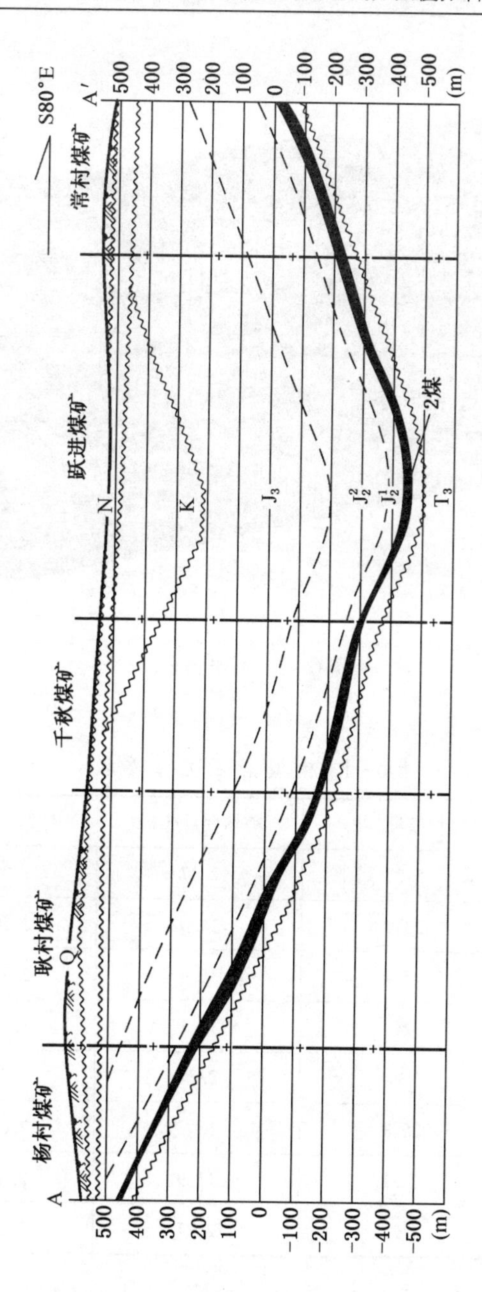

图6-2　义马煤田走向地质剖面图

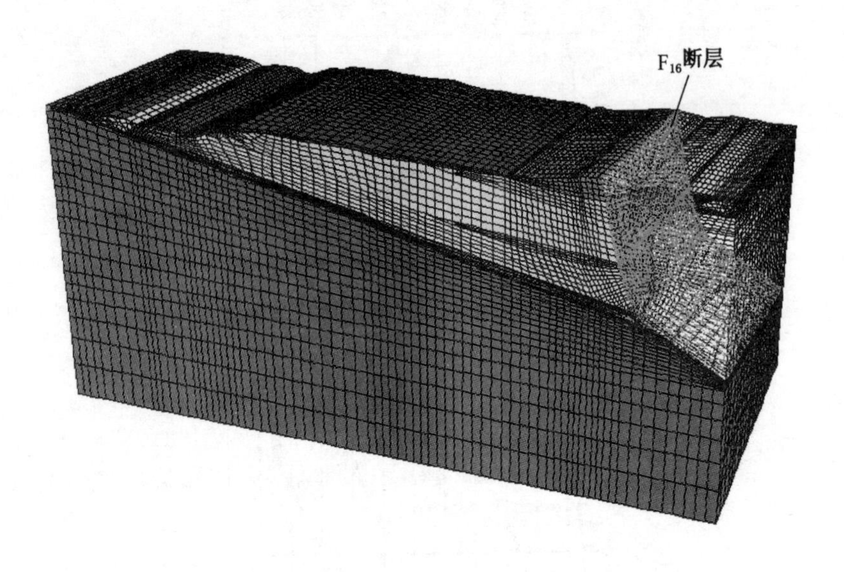

图6-3 网格剖分

表6-1 模型岩石力学参数

岩 性	体积模量/GPa	剪切模量/GPa	密度/$(kg\cdot m^{-3})$
表土	5.27	2.37	2.00×10^3
砾岩	23.9	14.0	2.36×10^3
砂砾岩	47.4	35.4	2.21×10^3
泥岩	24	11.1	1.91×10^3
2煤	5	2.31	1.50×10^3
底砾岩	26.3	13.7	2.63×10^3
粉砂岩	12.1	11.9	2.50×10^3
F_{16}断层	5.27	2.37	2.00×10^3

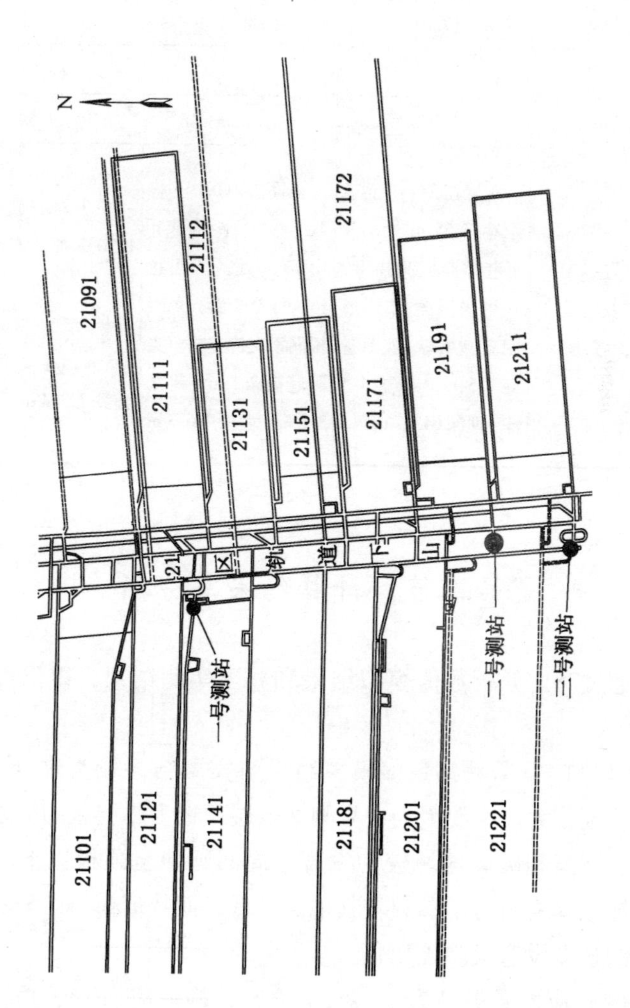

图6-4　井下测站位置布置示意图

表6-2 千秋矿地应力测量结果统计表

项　目	1号测点	2号测点	3号测点
σ_H/MPa	17.51	18.01	22.87
σ_h/MPa	9.05	9.32	11.67
σ_V/MPa	15.83	18.23	19.54
测点位置、支护方式及巷道断面描述	布置在21141上巷距巷口55 m处，该处巷道断面为拱形，采用锚网索加U形棚支护方式，实际巷高3.5 m，巷宽4.5 m，埋深645.7 m	布置在21191下巷联络巷中，距轨道下山20 m处，该处巷道为梯形断面，采用锚网索支护方式，实际巷高2.5 m，巷宽3.5 m，埋深746.3 m	位于21区轨道下山1170 m处，该处巷道为矩形断面，锚网索支护方式，实际巷高2.5 m，巷宽3.5 m，埋深797.4 m

第二节　计算结果与分析

通过对比分析数值模拟结果和井下实测结果，得出以下结论：

（1）1、3号测站数值模拟结果与实测结果较为吻合，2号结果差别较大。主要因为2号测站煤层顶板为厚层状的泥岩，其节理、裂隙和破碎区域较为发育，局部延伸至顶板以上较深区域，导致其岩石力学参数较其他测站低，而数值模型中岩石力学参数的选取没有反映该变化。

（2）应力场类型为 $\sigma_H > \sigma_V > \sigma_h$，构造应力大于垂直主应力。

实测结果与计算结果对比见表6-3。

表 6-3　实测结果与计算结果对比　　MPa

项目		σ_H	σ_h	σ_V
1 号测站	实测结果	17.51	9.05	15.83
	计算结果	18.1	10.4	14.9
2 号测站	实测结果	18.01	9.32	18.23
	计算结果	21.6	12.6	18
3 号测站	实测结果	22.87	11.67	19.54
	计算结果	22.7	13.3	19.6

一、竖向应力计算结果与分析

竖向应力等值线及等值线切片分别如图 6-5、图 6-6 所示，

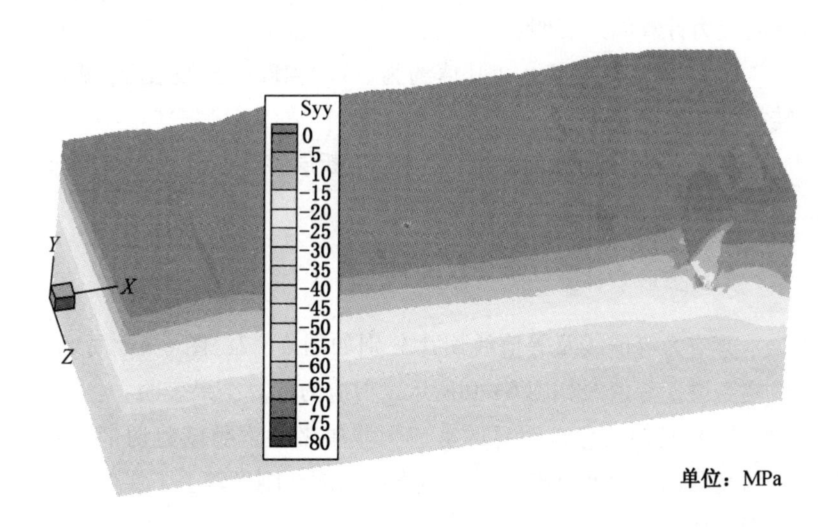

图 6-5　竖向应力等值线

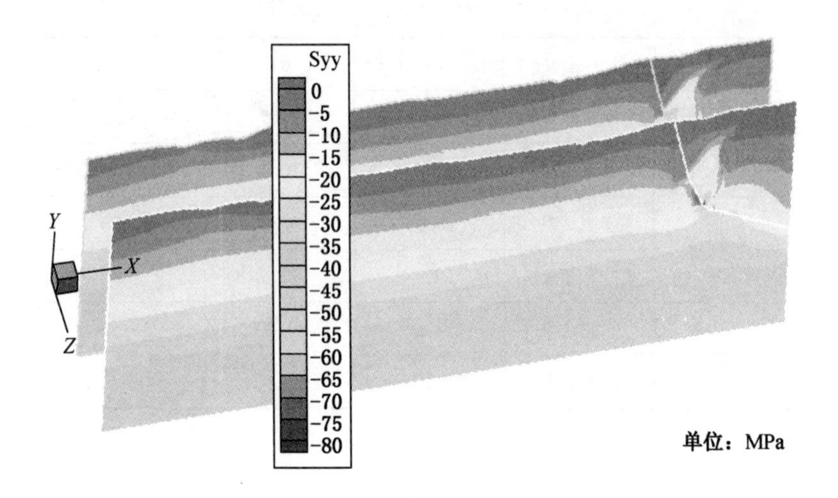

图 6-6　竖向应力等值线切片

竖向应力计算结果表明：

(1) 最大竖向应力（其值约为 -120 MPa）出现在 F_{16} 断层转折端并高度集中。

(2) 受义马向斜南北推挤，在 F_{16} 断层核部，其变形受到极大阻碍，导致该处竖向应力高度集中。

二、剪应力计算结果与分析

剪应力等值线及等值线切片分别如图 6-7、图 6-8 所示，剪应变增量等值线如图 6-9 所示，剪应力计算结果表明：

(1) 马凹组存在明显的剪应力集中带。表明该剪切带主要是因义马向斜南北推挤，马凹组岩体强度、刚度较上下层位岩体大而造成的。

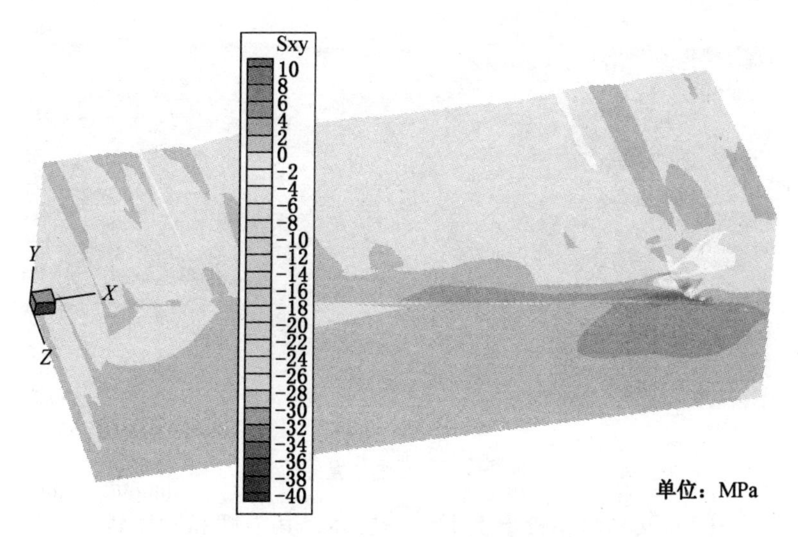

图6－7　剪应力等值线

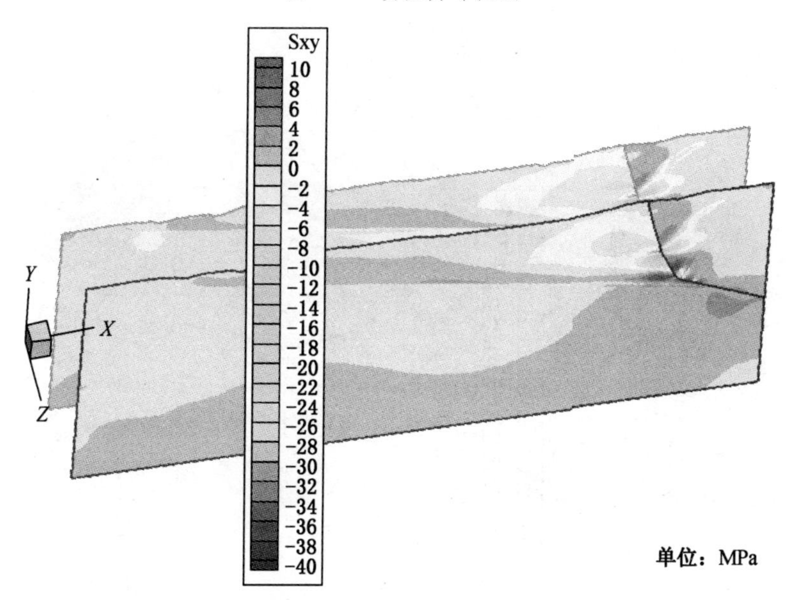

图6－8　剪应力等值线切片

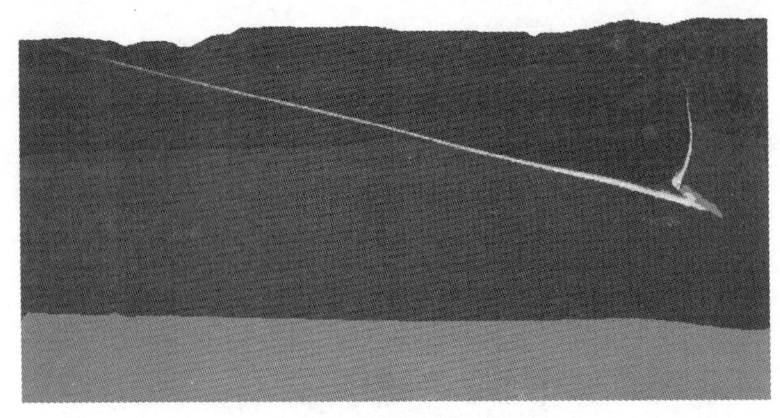

图6-9　剪应变增量等值线

(2) 义马组相较于上下层位岩体，其强度和刚度较小，导致其剪应变增量较大，为相对薄弱层位。

三、水平应力计算结果与分析

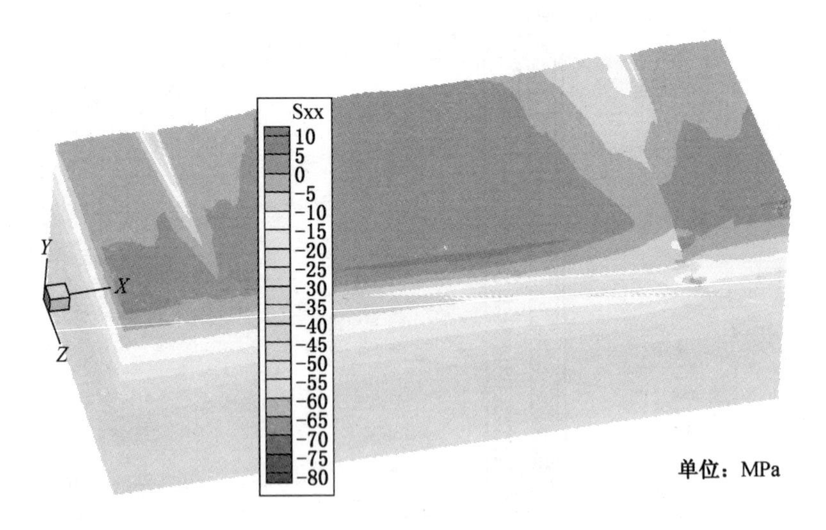

图6-10　南北向水平应力等值线

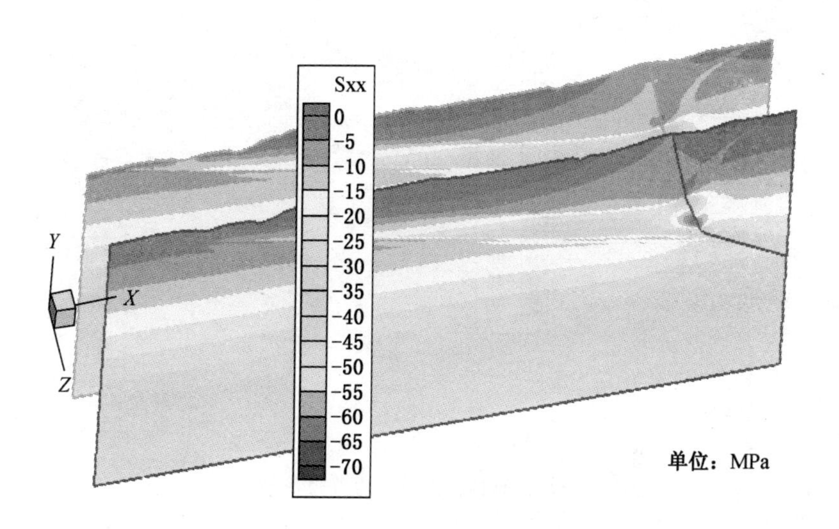

图6-11　南北向水平应力等值线切片

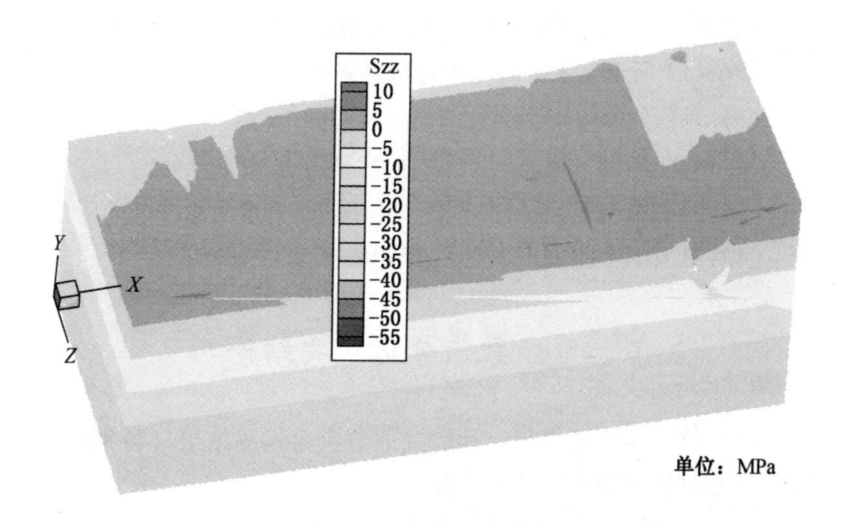

图6-12　东西向水平应力等值线

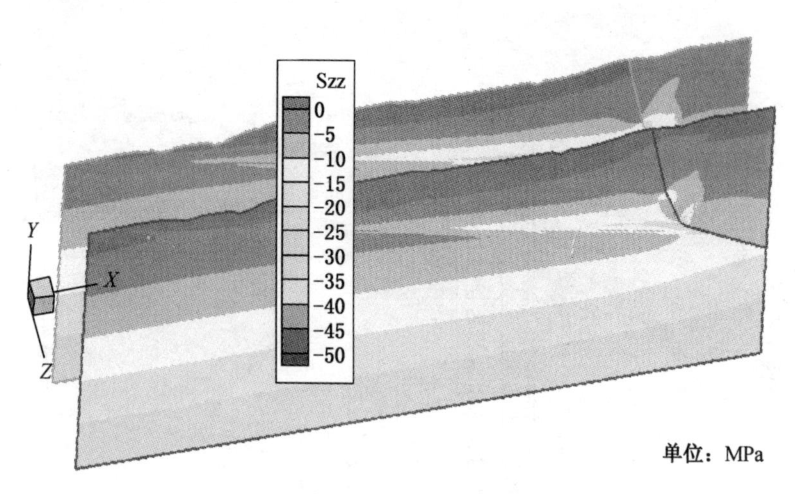

图6－13　东西向水平应力等值线切片

南北向水平应力等值线及等值线切片分别如图6－10、图6－11所示，东西向水平应力等值线及等值线切片分别如图6－12、图6－13所示。水平应力计算结果表明：

（1）马凹组水平应力较大，超过其竖向应力。

（2）南北向水平应力大于东西向水平应力。

（3）马凹组与 F_{16} 断层交界处，水平应力高度集中。

（4）最大水平应力出现在 F_{16} 断层核部。

第三节　数值分析主要结论

（1）数值模拟结果与千秋矿井下地应力实测结果（特别与1、3号测站实测结果）较为吻合。

（2）在义马向斜南北推挤作用下，马凹组应力较为集中，越靠近 F_{16} 断层，应力集中越明显，应力场类型 $\sigma_H > \sigma_V > \sigma_h$。

（3）义马组相对其上下层位岩体，其强度、刚度较低，为相对薄弱层位。

（4）最大水平应力和竖向应力出现在义马向斜轴部 F_{16} 断层拐点处，表明受义马向斜南北推挤，在该处，其变形受到极大阻碍，导致该处应力高度集中。

（5）模拟结果表明，采深增加、F_{16} 断层的南北挤压作用和“两硬夹一软”的地层结构是导致冲击地压发生的重要因素，义马向斜核部与靠近 F_{16} 断层的轴部区域是发生冲击地压的高风险区域；义马向斜核部 F_{16} 断层以南区域，仍可能存在冲击地压风险，马凹组在千秋煤矿冲击地压中似起特殊作用，而马凹组在千秋井田以砂岩为主，属坚硬岩石，从而说明顶板坚硬岩石对义马煤田冲击地压的形成起关键作用。

第七章　义马煤田冲击地压危险性地质分区

影响冲击地压发生的因素众多，对于不同煤田、不同煤层、不同开采区域内各因素的影响程度也不同。对具有冲击地压危险的区域进行冲击危险性综合评价，最终确定冲击地压的危险等级，划分危险区域，有利于矿井提前采取预防和治理冲击地压的措施，避免或降低冲击地压对矿井安全生产带来的危害。

冲击地压的发生是地质因素与采矿因素综合作用的结果。地质因素是形成冲击地压内在的、本质的、控制性因素，是发生冲击地压的根本原因。地质因素包括岩性、构造、岩体厚度、开采深度、岩体结构等。正确开展冲击地压危险性地质分区，可为结合采矿因素进一步划分冲击地压危险性和开展冲击地压危险性评价奠定基础。

义马煤田冲击地压危险性地质分区的具体工作步骤如下：

（1）列出影响义马煤田冲击地压的诸多因素，并按照其影响程度由大到小进行排序（降序排列）。

（2）确定8个地质因素的权重之和为1，然后根据各因素对冲击地压的影响程度进行权重分配，对冲击地压影响越大的因素取值也越大。

（3）经专业人员充分讨论意见，对同一地质因素根据量化或定性结果进行算术分级。

（4）收集现有的198个钻孔资料和采掘工作面揭露的地质

资料，利用地质因素的冲击地压危险性综合指数公式进行数学运算，并绘制义马煤田地质因素的冲击地压危险性综合指数等值线图。

（5）将义马煤田地质因素的冲击地压危险性综合指数等值线图与义马煤田冲击地压事件分布平面位置图叠加，并认真对比分析，科学确定义马煤田冲击地压危险性地质分区等级指标。

（6）根据冲击地压危险性地质分区等级指标，利用地质因素的冲击地压危险性综合指数成果，绘制义马煤田冲击地压危险性地质分区图。

第一节　义马煤田地质因素冲击地压危险性指数判定法

综合指数法是冲击地压危险性评价中常用的一种方法，是在分析已发生的各种冲击地压灾害的基础上，分析各种采矿地质因素对冲击地压发生的影响，确定各因素的影响权重，然后将其综合起来进行冲击地压危险性评价。该方法广泛应用于受冲击地压灾害威胁矿井的冲击危险性预测工作，作为冲击危险性评价的常用手段，为冲击地压的防治工作奠定了基础。

利用综合指数法进行冲击危险性预测时要同时分析地质因素和采矿因素，本书主要从地质因素方面进行冲击地压危险性预测，以下分析主要论述综合指数法中的地质因素部分。

综合指数法在使用过程中，地质因素的选取以及确定相应的指数和权重是冲击地压危险性评价的重要内容，关系到冲击地压危险性评价结果的准确性，也将影响到评价结果能否用来正确指导煤矿冲击地压防治工作。不同煤田影响冲击地压发生的地质因素不同，每个地质因素所占有的权重大小也不同。以前，义马煤

田5矿普遍借用其他矿区的综合指数法作为冲击危险性预测的手段之一，预测结果为防治冲击地压工作提供了参考。但义马煤田影响冲击地压的地质因素与综合指数法中所列地质因素相比，虽然存在共性，但义马煤田的地质条件又有自身十分明显的特性，简单套用其他矿区适用的固定地质因素和指数难以正确评价义马煤田采掘工作面冲击地压危险性。该方法在义马煤田实际运用过程中存在明显的缺陷和不足，具体体现在：

（1）开采深度分级指标中将大于700 m作为最大分级，而义马煤田5矿现开采深度普遍大于600 m，最深达1060 m。现有分级指标难以将目前的采深区分开来，有一定的局限性。

（2）义马煤田煤层顶板硬岩与煤层之间为中侏罗统马凹组，马凹组厚度0～252 m，平均厚度约166 m，远大于分级指标中100 m的上限。

（3）对于义马煤田冲击地压来讲，上覆砾岩厚度、到F_{16}断层的距离、“软采比”、沉降系数、马凹组地层岩性等是义马煤田冲击地压的主控地质因素，而这些在表7－1中并没有列出。

（4）根据义煤经验，利用综合指数法的计算结果与实际偏差较大，对义马煤田不适用。

表7－1中所列的地质因素及其赋值用于评价义马煤田冲击地压危险性时与实际情况出入较大，难以正确指导防冲工作。鉴于义马煤田特殊的地质条件，本章意在提出一种针对义马煤田全面的、实用的、科学的冲击地压危险性评价方法——地质因素冲击地压危险性指数判定法。该方法是在分析义马煤田冲击地压地质机理的基础上，结合冲击地压的地质规律，确定义马煤田影响冲击地压的地质因素，并综合考虑每种地质因素对冲击地压的影响程度，经专业人员充分讨论并各自取值，再加权平均，然后赋予每一地质因素相应权重值，结合已发生冲击事件确定冲击地

压危险性分级指标，划分义马煤田冲击地压危险性地质分区等级。

经过专业人员充分讨论认为，影响义马煤田冲击地压的地质因素有8个，根据重要性降序排列为上覆巨厚砾岩厚度、到F_{16}断层的距离、“软采比”、沉降系数、采深、马凹组地层岩性、开采厚度和是否受开放型构造的影响等。

表7-1　借用的综合指数法中地质条件影响冲击矿压危险状态的因素及指数

序号	因素	危险状态的影响因素	影响因素的定义	冲击矿压危险指数
1	W_1	发生过冲击矿压	该煤层未发生过冲击矿压	-2
			该煤层发生过冲击矿压	0
			采用同种作业方式在该层和煤柱中多次发生过冲击矿压	3
2	W_2	开采深度/m	小于500	0
			500~700	1
			大于700	2
3	W_3	顶板硬厚岩层（R_c≥60 MPa）距煤层的距离/m	>100	0
			100~50	1
			<50	3
4	W_4	开采区域内的构造应力集中	>10% 正常	1
			>20% 正常	2
			>30% 正常	3
5	W_5	顶板岩层厚度特征参数L_{st}/m	<50	0
			≥50	2
6	W_6	煤的抗压强度/MPa	R_c≤16	0
			R_c>16	2

表7-1（续）

序号	因素	危险状态的影响因素	影响因素的定义	冲击矿压危险指数
7	W_7	煤的冲击能量指数 W_{ET}	$W_{ET}<2$	0
			$2\leqslant W_{ET}<5$	2
			$W_{ET}\geqslant 5$	4

一、地质因素权重和指数与冲击危险程度

通过分析义马煤田冲击地压地质机理，结合其地质规律，经专业人员充分讨论等，确定了相应的指数和权重。

（一）上覆巨厚砾岩厚度

上覆巨厚砾岩是义马煤田冲击地压的第一因素。煤层顶板砾岩发育，其完整性好、抗变形能力强、易于蓄积弹性能、采后不易垮落等是义马煤田冲击地压的重要因素。跃进、千秋两矿煤层上覆砾岩发育最厚，也是义马煤田冲击地压危害最为严重的两对矿井；而杨村煤矿煤层顶板砾岩发育较差，大部分区域缺失砾岩，最厚仅50 m，冲击地压表现较轻。综合专业人员意见，上覆巨厚砾岩厚度在冲击地压危险性判定诸因素中权重为0.25，砾岩厚度（W_1）分级指数如下：

（1）$W_1<200$ m，冲击地压危险性指数取值为0。

（2）200 m$<W_1<$350 m，冲击地压危险性指数取值为1。

（3）350 m$<W_1<$500 m，冲击地压危险性指数取值为3。

（4）$W_1>500$ m，冲击地压危险性指数取值为6。

（二）到F_{16}断层的距离

到F_{16}断层的距离是义马煤田冲击地压的第二因素。F_{16}断层为受南北挤压作用形成的大型逆冲断层，是义马煤田的主控构

造。义马向斜的狭长形态和 F_{16} 断层的压扭性质与走向均说明南北挤压作用是构成义马煤田的主应力，其方向近 SN。构造应力自北向南递增，越靠近 F_{16} 断层的区域受构造应力的影响越大，越易导致冲击地压的发生。综合专业人员意见，到 F_{16} 断层的距离在冲击地压危险性判定诸因素中权重为 0.2，到 F_{16} 断层的距离（W_2）分级指数如下：

（1）$W_2 > 2000$ m，冲击地压危险性指数取值为 0。

（2）1000 m $< W_2 <$ 2000 m，冲击地压危险性指数取值为 1。

（3）500 m $< W_2 <$ 1000 m，冲击地压危险性指数取值为 2。

（4）200 m $< W_2 <$ 500 m，冲击地压危险性指数取值为 3。

（5）$W_2 <$ 200 m，冲击地压危险性指数取值为 5。

（三）“软采比”

“软采比”是义马煤田冲击地压的第三因素。“软采比”大的区域，煤层上覆软岩厚度大，采后冒落可对坚硬顶板起到一定的支撑作用，减弱悬臂梁效应，降低冲击地压发生风险。反之，“软采比”小的区域，冲击地压风险大。综合专业人员意见，“软采比”在冲击地压危险性判定诸因素中权重为 0.15，“软采比”（W_3）分级指数如下：

（1）$W_3 > 20$，冲击地压危险性指数取值为 0。

（2）$15 < W_3 < 20$，冲击地压危险性指数取值为 1。

（3）$10 < W_3 < 15$，冲击地压危险性指数取值为 2。

（4）$W_3 < 10$，冲击地压危险性指数取值为 3。

（四）沉降系数

沉降系数是义马煤田冲击地压的第四因素。沉降系数大的区域，采后上覆岩体易冒落，顶板垮落较为充分，不易形成悬臂梁。相反，沉降系数小的区域，采后上覆岩体未能充分垮落，易形成悬臂梁而积聚弹性能，当能量超过岩体强度时便可导致冲击

地压的发生。义马煤田下沉系数从浅部到深部逐渐变小，冲击事件发生的频度和强度也逐渐增大，冲击事件频发区域主要集中在下沉系数小于0.3的区域。综合专业人员意见，沉降系数在冲击地压危险性判定诸因素中权重为0.1，沉降系数（W_4）分级指数如下：

（1）$W_4 > 0.7$，冲击地压危险性指数取值为0。

（2）$0.5 < W_4 < 0.7$，冲击地压危险性指数取值为1。

（3）$0.3 < W_4 < 0.5$，冲击地压危险性指数取值为2。

（4）$W_4 < 0.3$，冲击地压危险性指数取值为3。

（五）采深

采深是义马煤田冲击地压的第五因素。目前，义马煤田内5对矿井开采深度均超过450 m，最深达到了1060 m。随着采深的增加，在上覆岩层重量的作用下，煤体应力升高，煤体变形和积聚的弹性能增大，为冲击地压的发生提供了充分条件，发生冲击地压的危险性及其强度趋于增大。综合专业人员意见，采深在冲击地压危险性判定诸因素中权重0.075，采深（W_5）分级指数如下：

（1）$W_5 > 450$ m，冲击地压危险性指数取值为0。

（2）$450\ m < W_5 < 700$ m，冲击地压危险性指数取值为1。

（3）$700\ m < W_5 < 900$ m，冲击地压危险性指数取值为2。

（4）$W_5 > 900$ m，冲击地压危险性指数取值为3。

（六）马凹组地层岩性

马凹组地层岩性是义马煤田冲击地压的第六因素。义马煤田马凹组地层受沉积环境差异影响，岩性颗粒由大到小、自东向西由砾岩、砂岩向泥岩过渡，砾岩、砂岩较为坚硬，砂质泥岩和泥岩相对软弱。坚硬的砾岩、砂岩顶板采后不易垮落或垮落不充分，而软弱的砂质泥岩和泥岩采后易冒落。因此，马凹组地层岩

性以砂岩或砾岩为主的区域，冲击地压危险性较强，而以泥岩或砂、泥岩互层为主的区域，冲击地压危险性较弱。综合专业人员意见，马凹组地层岩性在冲击地压危险性判定诸因素中权重0.075，马凹组地层岩性（W_6）厚度分级指数如下：

（1）马凹组地层岩性以泥岩或砂、泥岩互层为主，冲击地压危险性指数取值为0。

（2）马凹组地层岩性以砂岩或砾岩为主，冲击地压危险性指数取值为1。

（七）开采厚度

开采厚度是义马煤田冲击地压的第七因素。义马煤田煤层合并区煤厚较大，大部分区域煤层厚度在10 m以上，各矿井普遍采用一次采全高放顶煤回采工艺。全部开采后，煤层厚度大的区域对顶板的扰动破坏也大，导裂发育高度更高，更容易造成顶板巨厚坚硬岩石的猛然断裂和所蕴藏弹性能的瞬间释放，发生冲击地压的可能性和规模也大。综合专业人员意见，开采厚度在冲击地压危险性判定诸因素中权重为0.075，开采厚度（W_7）分级指数如下：

（1）$W_7 < 10$ m，冲击地压危险性指数取值为1。

（2）10 m $< W_7 < 20$ m，冲击地压危险性指数取值为2。

（3）$W_7 > 20$ m，冲击地压危险性指数取值为3。

（八）是否受开放型构造影响

是否受开放型构造影响是义马煤田冲击地压的第八因素。在开放型断裂构造区域，因构造应力释放，一方面造成坚硬顶板破断，降低其强度，在煤层开采后，破碎的顶板直接垮落，避免悬顶积聚弹性能。另一方面降低了煤层的冲击危险性，能够减弱冲击地压危险性。常村井田位于义马盆地东端，受岸上平移正断层等构造影响，井田内张性断裂构造发育，使得煤层顶板岩层完整

性差，冲击地压危险性有所减弱。综合专业人员意见，是否受开放型构造影响在冲击地压危险性判定诸因素中权重为0.075，是否受开放型构造影响（W_8）分级指数如下：

（1）受开放型构造影响，冲击地压危险性指数取值为－3。

（2）不受开放型构造影响，冲击地压危险性指数取值为0。

表7－2列出了义马煤田冲击地压危险性地质因素的权重和单因素指数分级。

表7－2　义马煤田冲击地压危险性地质因素的权重和单因素指数分级表（区域性预测）

序号	地质因素	指标分级	冲击地压危险性指数	权重
W_1	上覆巨厚砾岩厚度/m	<200	0	0.25
		200～350	1	
		350～500	3	
		>500	6	
W_2	到F_{16}断层距离/m	>2000	0	0.2
		1000～2000	1	
		500～1000	2	
		200～500	3	
		<200	5	
W_3	“软采比”	>20	0	0.15
		15～20	1	
		10～15	2	
		<10	3	
W_4	沉降系数	>0.7	0	0.1
		0.7～0.5	1	
		0.5～0.3	2	
		<0.3	3	

表7－2（续）

序号	地质因素	指标分级	冲击地压危险性指数	权重
W_5	采深/m	<450	0	0.075
		450～700	1	
		700～900	2	
		>900	3	
W_6	马凹组地层岩性	泥岩或砂、泥岩互层	0	0.075
		砂岩或砾岩为主	1	
W_7	开采厚度/m	<10	1	0.075
		10～20	2	
		>20	3	
W_8	是否受开放型构造影响	是	－3	0.075
		否	0	

根据表7－2，通过式（7－1）确定各个地质因素对冲击地压危险性的影响程度以及确定冲击地压危险性综合指数 W_{t1}。

$$W_{t1} = \sum_{i=1}^{n} \frac{\alpha_i W_i}{W_{i\max}} \tag{7-1}$$

式中　W_{t1}——冲击地压危险性综合指数；

α_i——第 i 个地质因素的权重；

$W_{i\max}$——第 i 个地质因素中的最大指数值；

W_i——第 i 个地质因素的实际指数；

n——地质因素的数目。

以义马煤田钻孔资料和采掘工作面揭露的地质资料为基础，选取198个评价点，利用地质因素的冲击地压危险性综合指数公式进行数学运算，计算出每个评价点的冲击地压危险性综合指数，并绘制义马煤田地质因素的冲击地压危险性综合指数等值线图（图7－1）。

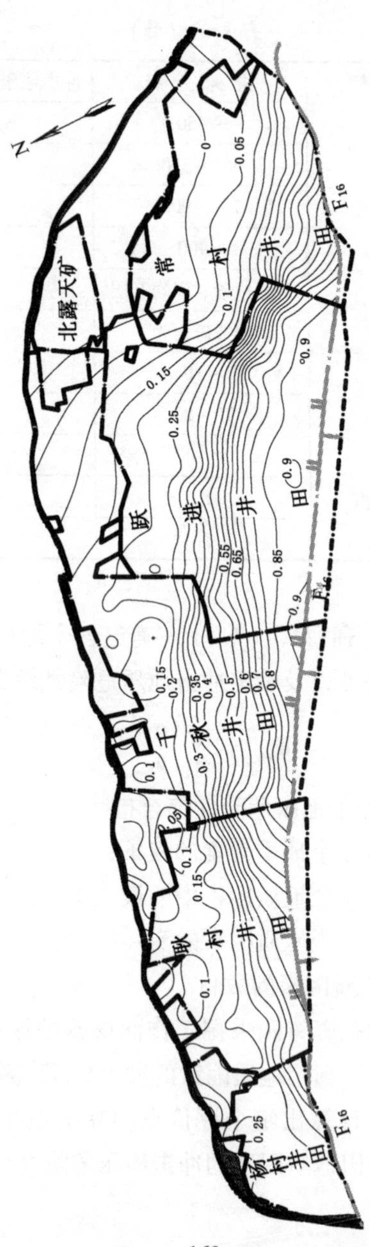

图7-1 义马煤田地质因素的冲击地压危险性综合指数等值线图

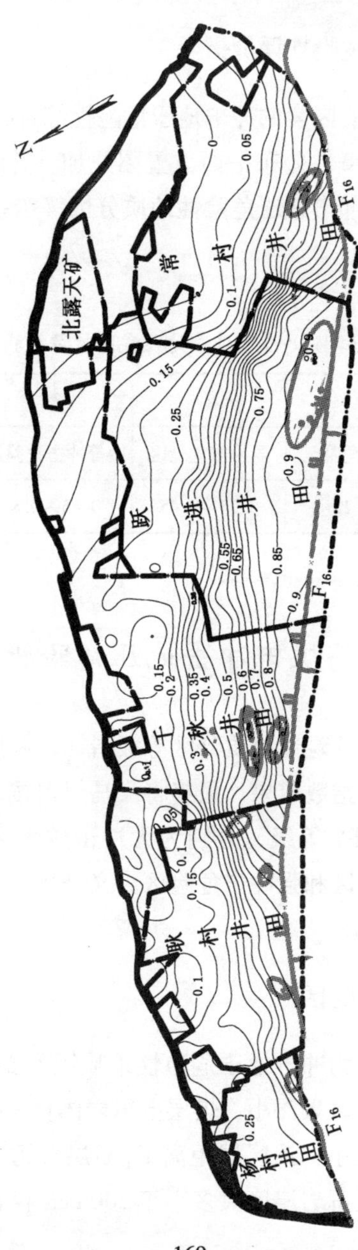

图7-2　义马煤田地质因素的冲击地压危险性综合指数等值线与冲击地压事件分布图

二、冲击地压危险性评价指标

将义马煤田地质因素的冲击地压危险性综合指数等值线图与义马煤田冲击地压事件分布平面位置图叠加，并认真对比分析，科学确定义马煤田冲击地压危险性地质分区等级指标（图7－2、表7－3）。

表7－3　义马煤田冲击地压危险性评级指标

评价分级	1	2	3	4
	无冲击危险区	弱冲击危险区	中等冲击危险区	强冲击危险区
综合指数	<0.25	0.25～0.45	0.45～0.8	>0.8

第二节　义马煤田冲击地压危险性地质分区

根据冲击地压危险性地质分区等级指标，利用地质因素的冲击地压危险性综合指数成果，最终将义马煤田按冲击危险性由弱到强依次划分为四个等级，分别为无冲击危险区、弱冲击危险区、中等冲击危险区和强冲击危险区。义马煤田冲击危险性地质分区如图7－3所示。

一、无冲击危险区

无冲击危险区为冲击地压危险性地质因素指数小于0.25的区域。无冲击危险区采深小，煤层上覆岩体自重应力小，煤体承受的竖向应力也较小；该区域距离F_{16}断层较远，受构造应力作用小；该区域顶板砾岩厚度大多小于200 m，仅在常村井田中部

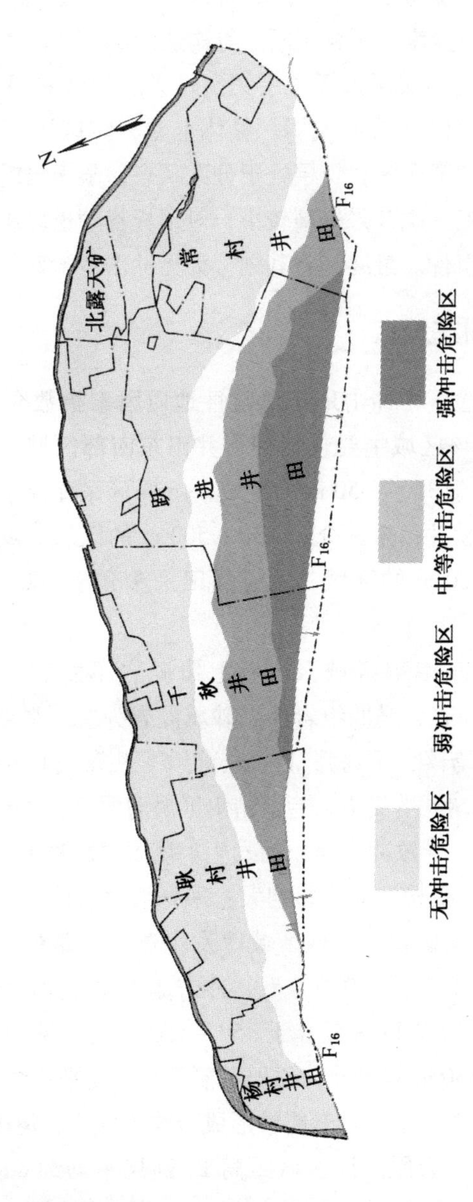

图7－3　义马煤田冲击危险性地质分区图

区域顶板砾岩厚度大于200 m，最大达350 m，但常村井田位于义马盆地东端，受岸上平移正断层等构造影响，井田内张性断裂构造较发育，使得煤层顶板岩层完整性差，导致采后易充分垮落，冲击地压危险性有所减弱。整体上看，该区域顶板岩层较薄，蓄积的弹性能有限；煤层处于分叉状态，限于当时条件，多采用分层开采或一次开采采高较小，对顶板扰动也较小；该区域未发生过冲击事件。最终，将其划分为无冲击危险区。

二、弱冲击危险区

弱冲击危险区为冲击地压危险性地质因素指数介于0.25～0.45的区域。该区域主要包括杨村井田东南部区域、耿村井田12采区采深介于350～550 m的区域，13采区采深介于450～550 m的区域、千秋井田采深介于350～500 m的区域、跃进井田采深介于400～600 m的区域、常村井田采深介于600～700 m的区域。

杨村井田东南部区域，顶板上覆砾岩不发育（厚度0～50 m，平均12 m），马凹组岩性以砂质泥岩为主，强度较弱，采后顶板岩层易垮落，不易形成“悬臂梁”积聚弯曲弹性能。该区域巷道集中，纵横交错。巷道密集区属薄弱区，蓄积弹性能在薄弱区段释放，导致冲击地压的发生。该区域距离F_{16}断层较近，平均约300 m，受构造应力影响大，采掘活动可能与构造应力叠加导致冲击地压的发生。该区域曾发生过冲击事件，但能量较小，对现场破坏较小。总体来看，冲击地压危险性较弱。

耿村井田12采区采深介于350～550 m的区域和13采区采深介于450～550 m的区域，顶板上覆砾岩厚度平均约250 m，马凹组岩性以砂岩为主，虽然能够形成弯曲弹性能，但由于厚度较小，积聚弹性能有限。该区域距离F_{16}断层平均约600 m，受构

造应力影响较大。总体来看，冲击地压危险性较弱。

千秋井田采深介于400～600 m的区域和跃进井田采深介于450～650 m的区域，顶板上覆砾岩厚度150～450 m，平均约300 m，马凹组岩性以砂岩为主，采后坚硬顶板不易垮落，能够形成弯曲弹性能。该区域距离F_{16}断层平均约2000 m，受构造应力影响较小。总体来看，冲击地压危险性较弱。

常村井田采深650～800 m的区域，顶板上覆砾岩厚度平均约400 m，马凹组岩性以砾岩为主，但常村井田张性断裂构造发育，使得煤层顶板岩层完整性差，导致采后易垮落，冲击地压危险性有所减弱。该区域距离F_{16}断层平均约600 m，受构造应力影响较大。总体来看，冲击地压危险性较弱。

三、中等冲击危险区

中等冲击危险区为冲击地压危险性地质因素指数介于0.45～0.8的区域。该区域主要包括耿村井田东南部区域、千秋井田采深介于500～750 m的区域、跃进井田采深600～850 m的区域、常村井田西南部区域。

耿村井田东南部区域和千秋井田采深介于500～750 m的区域，顶板上覆砾岩厚度平均约430 m，马凹组岩性以砂岩为主，采后坚硬顶板不易垮落，易形成弯曲弹性能。该区域距离F_{16}断层平均约700 m，受构造应力影响较大，总体来看，冲击地压危险性中等。

跃进井田采深介于600～850 m的区域和常村井田西南部区域，顶板上覆砾岩厚度平均约500 m，马凹组岩性以砂岩为主，采后坚硬顶板不易垮落，易形成弯曲弹性能。该区域距离F_{16}断层平均约1200 m，受构造应力影响较小，总体来看，冲击地压危险性中等。

四、强冲击危险区

强冲击危险区为冲击地压危险性地质因素指数大于0.8的区域。该区域主要包括千秋井田采深大于700 m的区域和跃进井田采深大于800 m的区域。该区域位于义马向斜核部，煤层上覆沉积覆盖层最厚，砾岩厚度大，最厚达700余米，平均约650 m。马凹组岩性以砂岩为主，上覆坚硬顶板，完整性好，抗变形能力强，采后不易垮落，极易造成“悬臂梁”积聚弯曲弹性能。加之该区域靠近F_{16}断层轴部，距离F_{16}断层平均约400 m，在垂直应力基础上附加的水平构造应力最大，冲击危险性强。

第三节　现 场 验 证

本书统计了2014年7月之前发生的冲击地压事件107次，分析了影响冲击地压的地质因素，研究了冲击地压发生的机理，总结了冲击地压发生的规律，并利用地质因素的冲击地压危险性综合指数判定法对义马煤田进行了冲击危险性地质分区。近几年义马煤田发生的主要冲击事件分别位于常村煤矿21220工作面、耿村煤矿13230工作面和跃进煤矿23150工作面，受冲击事件影响工作面均遭到不同程度的破坏。3次冲击事件发生区域地质条件与分析一致，下面具体介绍下3次冲击事件情况。

一、常村煤矿21220工作面冲击事件

2014年11月24日在21220下巷发生冲击事件，震源位于下巷口以里623 m、底板以下22 m处，能量为2.59E+05J。冲击地压发生时，21220下巷已掘进608.6 m，正进行窝面清煤工作，没有掘进施工。冲击事件发生后，下巷578～589 m段有底鼓；

下帮587～601 m段煤墙被挤出；上帮606～608 m段煤墙被挤出；下巷597 m和602 m处分别有一根锚索崩断，563 m处和599 m处分别有一个锚杆盘崩掉。

21220工作面位于常村矿21采区西翼，临近义马向斜核部，采深大，最大采深达770 m，上覆砾岩厚度较大，加之以砾岩为主的马凹组地层，平均约670 m，坚硬砾岩完整性好，抗变形能力强，采后不易垮落。同时该区域距离F_{16}断层较近，最近处不足500 m，受南北向构造应力作用明显。临近义马向斜核部，采深大，上覆砾岩厚度大和距F_{16}逆断层近等因素为冲击地压的发生提供了地质条件。

依照义马煤田冲击地压危险性地质因素的权重和单因素指数分级表，对该区域地质因素进行分类定级，采用地质因素的冲击地压危险性综合指数判定法进行计算，计算得出其冲击地压危险性综合指数为0.547，属冲击地压危险性地质分区中的中等冲击危险区。该次事件发生地点见图7－4中①号点位置。

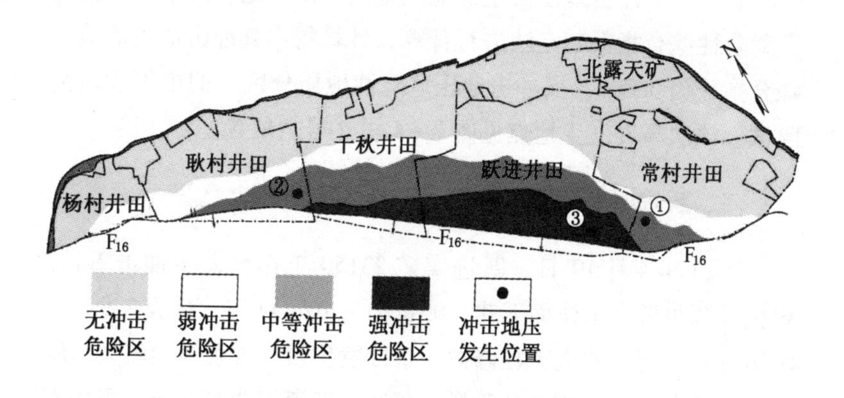

图7－4　近年来义马煤田发生的主要冲击事件平面位置图

二、耿村煤矿13230工作面冲击事件

2015年2月5日，13230工作面下巷发生冲击事件，震源位于巷道顶板以上33 m的泥岩中，距正头150 m，能量为1.1E+05J。冲击事件发生时，响声巨大，轨道及上巷外段均有震感，在距正头7 m、45 m、60 m处有锚索托盘及锁头滑脱、锚杆折断等现象。在距正头50 m处，三架液压抬棚扭斜，下巷50 m范围内人员感觉有10 cm弹起。滞后正头约10 m范围内上帮肩部煤体位移300~400 mm；巷肩及顶部金属经纬网扭曲变形明显；巷肩多数锚杆角度发生变化，锚杆头上翘。

13230位于13采区东翼最下部，工作面平均采深633 m，最大采深达680 m。煤层倾角9°~13°。工作面位于2煤组合并区内，煤厚大，平均约19 m，全部开采后对顶板扰动破坏大，导裂发育更高。距离F_{16}断层最近仅70 m，受南北向构造应力作用明显。受F_{16}断层牵引、推挤作用影响，煤厚急剧变化，存在应力异常。大采深、大煤厚、煤厚变化大、距离F_{16}断层较近等多个因素构成了冲击地压发生的地质基础。采用地质因素的冲击地压危险性综合指数判定法进行计算，计算得出其冲击地压危险性综合指数为0.706，属冲击地压危险性地质分区中的中等冲击危险区。该次事件发生地点见图7-4中②号点位置。

三、跃进煤矿23150工作面冲击事件

2015年4月19日，跃进煤矿23150工作面发生冲击事件，定位震源位置在工作面下巷，能量为2.10E+07J，震级2.9。冲击事件发生时，巷道正在修护。事件发生后，现场煤尘较大，斜石门及下巷有一层较薄的落煤、落矸。巷道无明显变形。现场有人听到垛式支架有受压发出的声响。

23150 工作面位于 23 采区深部，该区域位于义马向斜核部，采深大（已达 900 m），煤层上覆砾岩最厚，厚度达数百米，坚硬砾岩完整性好，抗变形能力强，采后不易垮落。煤厚大，平均约 12 m，全部开采后对顶板扰动破坏大，导裂发育更高。该区域距离 F_{16} 断层最近处约 280 m，受南北向构造应力作用明显。在大采深、大煤厚、距离 F_{16} 断层较近等多个地质因素的共同作用下，易导致冲击地压的发生。采用地质因素的冲击地压危险性综合指数判定法进行计算，计算得出其冲击地压危险性综合指数为 0. 848，属冲击地压危险性地质分区中的强冲击危险区。该次事件发生地点见图 7 -4 中③号点位置。

上述 3 次冲击地压事件位于义马向斜的核部或轴部，顶板砾岩厚度大、开采厚度与深度大，煤厚大及厚度变化大、距 F_{16} 断层较近且均为底鼓型冲击地压，与分析得出的冲击地压地质规律一致。发生区域属冲击地压危险性地质分区中的中等冲击危险区和强冲击危险区，与前述分析结果一致。

第八章　义马煤田冲击地压防治对策

第一节　冲击地压危险性预测

冲击地压危险性预测是冲击地压防治工作的基础和前提。冲击地压的发生是地质因素和采矿因素的综合作用结果，要做好冲击地压危险性预测必须进行地质因素和采矿因素方面的分析，对冲击地压发生的区域、范围及可能性作出判断，提前针对性地对冲击危险区采取防治措施，以指导矿井安全生产。

一、综合指数法

冲击地压是地质因素和采矿因素共同作用的结果，地质因素是内因，采矿因素是外因，地质因素起主导作用，采掘活动为诱导因素。要准确进行冲击危险性预测，需要同时考虑地质因素和采矿因素。

1. 地质因素指数

地质因素指数判定法可用于区域性预测和工作面预测，从区域到工作面，逐级排除和确认冲击地压危险，提高冲击地压预测的准确率。区域性预测和工作面预测均可采用地质因素冲击地压危险性综合指数判定法，但两者又稍有不同。区域性预测主要从地质因素角度出发，从宏观上分析冲击地压发生的范围；而工作面预测相对范围较小，主要分析目标区域冲击地压发生的可能性，在分析地质因素的同时还要考虑采矿因素的影响。

区域性预测可采用义马煤田地质因素的冲击地压危险性综合指数判定法，相应的地质因素、指数、权重和危险性分级指标可参考表7－1、表7－2。

工作面预测应用义马煤田地质因素的冲击地压危险性综合指数判定法进行工作面预测时，地质因素、指数和权重在区域性预测基础上做了相应调整，添加了以往是否发生过冲击地压、冲击倾向性等因素，计算方法同区域性预测。义马煤田冲击地压危险性地质因素的权重和单因素指数分级见表8－1。

表8－1　义马煤田冲击地压危险性地质因素的权重和单因素指数分级表（工作面预测）

序号	地质因素	指标分级	冲击地压危险性指数	权重
W_1	上覆巨厚砾岩厚度/m	<200	0	0.2
		200～350	1	
		350～500	3	
		>500	6	
W_2	到F_{16}断层距离/m	>2000	0	0.15
		1000～2000	1	
		500～1000	2	
		200～500	3	
		<200	5	
W_3	距断层距离/m（不含F_{16}断层）（h为断层落差）	>10 h	0	0.15
		5～10 h	1	
		<5 h	2	
W_4	软采比	>20	0	0.1
		15～20	1	
		10～15	2	
		<10	3	

表8-1（续）

序号	地质因素	指标分级	冲击地压危险性指数	权重
W_5	沉降系数	>0.7	0	0.1
		0.7~0.5	1	
		0.5~0.3	2	
		<0.3	3	
W_6	采深/m	<450	0	0.075
		450~700	1	
		700~900	2	
		>900	3	
W_7	马凹组地层岩性	泥岩或砂、泥岩互层	0	0.075
		砂岩或砾岩为主	1	
W_8	开采厚度/m	<10	1	0.05
		10~20	2	
		>20	3	
W_9	以往是否发生过冲击地压	未发生过冲击地压	0	0.025
		发生过冲击地压	1	
W_{10}	冲击倾向性鉴定	无冲击	0	0.025
		弱冲击	1	
		强冲击	2	

2. 采矿因素指数

本书主要从地质角度分析冲击地压发生的机理、规律，在冲击危险性预测时也以地质因素指数计算为主，对采矿因素指数计算不做详细介绍。

3. 冲击地压危险性预测

地质因素是形成冲击地压的内在的、主导性因素，是发生冲击地压的根本原因。而采矿因素是外在的、诱导性因素。因此综

合两者进行冲击地压危险性预测时，可适当提高地质因素指数所占比重，将地质因素指数所占比重确定为0.6，采矿因素指数所占比重确定为0.4。通过地质因素指数和采矿因素指数综合计算冲击危险性综合指数时建议采用以下公式：

$$W = 0.6W_{t1} + 0.4W_{t2} \quad (8-1)$$

式中　W——区域或采掘工作面的冲击危险性指数；

W_{t1}——地质因素指数；

W_{t2}——采矿因素指数。

二、监测设备

根据微震、槽波地震、地音、矿压、电磁辐射、钻屑量监测数据综合分析、动态预测冲击地压的发生。

1. 微震监测技术

微震监测是记录采矿震动的地震图，确定震动时间、震中坐标、震动释放的能量，特别是震中的大小、地震力矩、震动发生的机理、震中的压力降等，以此为基础进行震动危险的预测预报，并由此评价冲击地压危险。

微震监测是一种区域性监测方法，自动记录微震活动，实时进行震源定位和微震能量计算，为评价全矿范围内的冲击地压危险性提供依据。

2. 槽波地震勘探(ISS)

槽波地震勘探技术是利用在煤层中激发并传播的导波来探查煤层内的地质异常体，其应用领域比较广泛，如煤厚和构造探测，也可用于探测回采工作面内部应力集中情况。义煤公司开展“冲击地压危险性地震槽波与纵波联合探测技术研究”科研项目，联合采用 SUMMIT II 型槽波地震仪和 PASAT - M 型便携式微震探测仪探测工作面内部应力分布情况。目前，已在耿村矿

12230 工作面进行一次试验，试验结果表明，SUMMIT II 型槽波、纵波波速反映的高应力区与 PASAT 纵波波速反映的高应力区有较好一致性，初步认为槽波、纵波能够反映工作面内部应力分布情况。因此，在实际工作中，将槽波、纵波波速用于探测工作面内部应力分布情况，并结合其他预测、监测手段，能够进一步提高采煤工作面的冲击地压危险性评价和预警效果。

3. 地音监测技术

岩石受力将产生变形和微破坏，同时会产生地音（即声发射）现象，地音信号的多少、大小等指标反映了岩体的受力情况。表征地音的参量有分级事件、总事件数、能率、地音信号频率、事件延时等，它们分别反映了地音信号的不同特征。对某一区域连续进行地音监测，并系统地分析地音参量，找出地音活动规律，以此判断岩体受力状态和破坏过程，评价岩体的稳定性，预测预报冲击地压的时间与位置，以指导煤矿安全生产。

4. 矿压监测技术

工作面超前巷道应力监测。每班对上、下平巷超前支护进行阻力监测，找出工作面超前支承压力影响范围及应力集中系数，确定超前支护距离及方式。根据阻力大小预报工作面顶板来压及应力集中区域。

综采支架工作阻力监测。在工作面中部布置测区，对工作面支架阻力进行循环监测，然后画出监测曲线，预测工作面顶板来压情况，结合其他监测手段预报工作面冲击危险度。同时对每个支架都安设自动测压表，一方面可以对支架初撑力进行监控，另一方面可以对工作面顶板来压情况进行全面预报分析。

顶板离层监测。在掘进和回采巷道安设顶板离层监测系统，和地面计算机结合实现在线监测，对顶板活动动态实时观察分析，总结顶板活动规律。

巷道变形监测。在掘进和回采巷道安设巷道变形监测系统，定期采集巷道围岩变形信息，分析巷道围岩变形活动规律，为冲击地压巷道支护提供依据。

5. 电磁辐射监测技术

电磁辐射监测法是一种通过测定煤（岩）体电磁辐射强度和脉冲数来预测冲击危险程度的简单、实用、可靠的冲击地压预测方法，这种方法可实现非接触连续监测，受干扰小，定向性好，连续监测的信息量大，能够提高预测准确性。

6. 钻屑法监测技术

钻屑法是一种通过在煤层中打直径 42 ~ 50 mm 的钻孔，根据排出的煤粉量及其变化规律和有关动力效应鉴别冲击危险的方法。其理论基础是钻出煤粉量与煤体应力状态只有定量的关系，即其他条件相同的煤体，当应力状态不同时，其钻孔的煤粉量也不同。当单位长度的排粉率增大或超过标定值时，表示应力集中程度增加和冲击危险性提高。此监测技术目前已在冲击地压矿井全面推广应用。

第二节　合理开采布局

合理开采布局对防治冲击地压至关重要。布置工作面应避开构造发育区域，坚硬顶板厚度和煤厚急剧变化区域，煤层合并分叉等地质异常体发育区域；在掘进或回采过程中揭露断层时，应根据断层规模，在距离断层 50 ~ 150 m 范围内加强支护和卸压措施。布置工作面应尽量避免工作面走向与区域最大主应力方向正交，最大限度降低地应力对工作面的影响程度。另外，矿井应按顺序开采，避免工作面跳采或向采空区方向推进形成孤岛煤柱。孤岛煤柱承受的压力高，常出现几个方向的叠加应力，最易产生

冲击地压。合理采掘方向，避免相向或背向开采。协调开采计划，避免高强度开采。

第三节 “两强一弱”的支护结构

对冲击危险巷道积极采用“两强一弱”支护结构，通过增加巷道支护强度，设置弱结构区达到减冲、防冲目的。“两强一弱”支护结构是指开掘巷道采用大断面高强度可缩性支护（强结构），提高其耐冲性，减轻冲击地压对巷道的破坏，最大限度地减少冲击地压造成的人员伤亡和财产损失；对巷道两侧煤体进行深孔高压注水和大钻孔卸压，改变煤体的物理结构和力学性质，降低煤体强度，增加其可塑性，形成支护强结构外的弱结构区，使工作面支承压力的峰值降低并向深部转移，为弹性能的缓慢释放创造条件，从而降低冲击地压的风险；在弱结构之外，是没有经过扰动的原岩结构，强度较大，形成弱结构外的又一强结构。对重点冲击危险区域和工作面超前支承压力影响范围内，在“两强一弱”支护结构的基础上，采用门式防冲支架、液压抬棚加强支护，进一步提高巷道抗压、抗冲、强护能力。

第四节 冲击危险治理

开采冲击地压煤层必须先治理后采掘，按照“预测预报—卸压解危—措施效果检验—再治理”的基本程序，及时消除冲击危险隐患。卸压解危措施主要包括钻孔卸压、煤层注水常规卸压措施和爆破卸压、断顶、断底、强制放顶等临时解危措施，应根据开采地质条件、冲击地压类型和危险程度针对性选

用实施。

一、钻孔卸压

钻孔卸压是利用钻孔方法消除或减缓冲击地压危险的解危措施。钻进越接近高应力带，由于煤体积聚能量越多，钻孔冲击频度越高，强度也越大。尽管钻孔直径不大，但钻孔冲击时煤粉量显著增多。因此每个钻孔周围形成一定的破碎区，当这些破碎区互相接近后，便能使煤层破裂卸压。钻孔卸压的实质是利用高应力条件下，煤层中积聚的弹性能来破坏钻孔周围的煤体，使煤层卸压、释放能量，消除冲击危险。

二、煤层注水

煤层预注水是在采掘工作前对煤层进行长时压力注水。注水一般是在已掘好的回采巷道内或临近的巷道内进行。压力水进入煤体后沿节理、裂隙等弱面流动，起到压裂和冲刷作用以及水对裂隙尖端的楔入作用（水楔作用），使煤体扩大了原有裂隙，产生了新的裂隙，破坏了煤体的整体性，降低了强度。煤层注水改变了煤的物理力学性质，降低了煤层冲击倾向和应力状态，有效减弱冲击地压危险性。

三、卸压爆破

卸压爆破能局部解除冲击地压发生的强度条件和能量条件，即在有冲击危险的工作面卸压和在近煤壁一定宽度的条带内破坏煤的结构（但不落煤），使煤体的力学性质发生变化，弹性模量减小，强度降低，弹性能减少。按照失稳理论，煤体内裂隙长度和密度的增加，可起到致稳和止裂作用，降低了冲击地压发生的可能性。实施卸压爆破前必须先进行钻屑法检测，确认有冲击危

险时才进行卸压爆破，爆破后还要用钻屑法检查卸压效果。如果在实施范围内仍有高应力存在，则应进行第二次爆破，直至解除冲击危险为止。

第九章 主要结论

本书主要结论如下：

1. 义马煤田冲击地压

义马煤田冲击地压属于重力—构造类型或构造—重力类型。

2. 义马煤田冲击地压地质机理

(1) 煤层上覆砾岩是义马煤田形成冲击地压的主要因素。上覆砾岩厚度巨大、岩性坚硬、完整性好、抗变形性能强，易于蓄积弹性势能。蓄积了大量弹性能的巨厚砾岩受采掘影响，弹性能瞬间释放，是发生冲击地压的能量条件。

(2) 南北向构造应力的挤压作用是义马煤田形成冲击地压的另一重要原因。义马煤田南北向构造应力的强大推挤作用，既是 F_{16} 逆断层的形成原因，也是煤层上覆巨厚砾岩蓄积大量弹性能的主要条件。构造应力由北向南递增，越靠近 F_{16} 逆断层构造应力越强。

(3)煤层厚度大以及厚度快速变化是义马煤田发生冲击地压的另一重要地质因素。义马煤田 2 煤组在浅部分叉、深部合并。在合并区,煤层厚度大,一般在 10 m 以上,最厚区段在30 m以上。特厚煤层为大采高创造了条件,大采高势必对顶板砾岩扰动破坏更大,更易造成冲击地压;另外,在煤层厚度快速变化的条带,地应力场异常,易造成应力集中,也易发生冲击地压。

(4) “两硬一软”的地层结构是义马煤田发生冲击地压的另一地质因素。义马煤田硬（顶板)—软（煤层)—硬（底板）的煤岩体结构，容易导致煤体在顶、底板的夹持作用下积聚大量弹

性能，超过煤体强度时，若受到采掘扰动便会诱发冲击地压。

（5）“软采比”小是义马煤田发生冲击地压的另一地质因素。“软采比”（煤层上覆软岩与开采厚度的比值）小的区域煤层上覆软岩厚度小，冒落后不足以支撑坚硬顶板，易造成悬臂梁积聚弹性能，超过坚硬顶板强度时，便会导致冲击地压的发生。

（6）大采深是义马煤田发生冲击地压的又一地质因素。经过数十年的开采，义马煤田5矿现采掘区域已转入煤田深部，采深多在600 m以上，最深达1060 m。随着采深的增加，煤体上覆岩体的自重应力也逐渐增加，发生冲击地压的危险性及其强度也趋于增大。

（7）煤岩体具有冲击倾向性是义马煤田发生冲击地压的又一地质因素。冲击倾向性鉴定结果显示，义马煤田5矿煤岩体多具有冲击倾向性，根据冲击倾向理论分析，具备发生冲击地压的条件。

（8）合并区煤层在垂向上的差异性是义马煤田多发生底鼓型冲击地压的主要原因。义马煤田2煤组在浅部分叉，深部合并。合并区煤层上部以镜煤、亮煤为主，煤体坚硬，下部以暗煤、丝炭为主，煤体较软；底板以炭质泥岩和煤矸互叠层为主，又软于下部煤层。合并区煤层上硬下软，炭质泥岩和煤矸互叠层又软于下部煤层，加之底板支护强度低，因此，义马煤田冲击事件以底鼓型冲击地压为主。

3. 义马煤田冲击地压地质规律

（1）义马向斜核部区域，煤层上覆坚硬砾岩厚度大，煤层厚度大，煤层埋深大，构造应力集中，是冲击地压发生的高风险区域。

（2）上覆坚硬岩石厚度大以及厚度变化大的区域，冲击地压危险性强。

(3) 越靠近 F_{16} 断层区域，受南北挤压的构造作用影响越大，冲击地压风险越大。

(4) 煤层合并区或近合并区等煤层厚度大区域，或者煤厚梯度大的区段，冲击地压风险大。

(5) 马凹组地层硬岩比例高的区域，往往“软采比”较小，冲击地压风险大（常村井田除外)。

(6) 沉降系数小的区域，采后煤层上覆坚硬顶板未充分垮落，形成悬梁结构，弹性能没有有效释放，易造成应力集中，冲击地压风险大。

(7) 常村井田位于义马煤田东端，受岸上平移正断层影响，井田内开放型断裂构造发育，导致煤层上覆坚硬顶板完整性较差，弹性能得到部分释放且采后顶板较易垮落，冲击地压风险有所减弱。

4. 义马煤田冲击地压危险性地质分区

采用义马煤田地质因素的冲击地压危险性综合指数判定法对义马煤田进行了冲击地压危险性地质分区，按冲击危险性由弱到强划分为4个等级：

(1) 无冲击危险区：地质因素的冲击地压危险性综合指数小于0.25的区域。该区域占义马煤田的大部分，主要位于义马煤田浅部。该区域煤层埋深较浅、煤层较薄、多煤层开采，或者砾岩厚度较小，或者距 F_{16} 断层较远。

(2) 弱冲击危险区：地质因素的冲击地压危险性综合指数介于0.25～0.45的区域。该区域主要包括杨村井田东南部区域、耿村井田12采区采深介于350～550 m的区域，13采区采深介于450～550 m的区域、千秋井田采深介于350～500 m的区域、跃进井田采深400～600 m的区域、常村井田采深600～700 m的区域。

（3）中等冲击危险区：地质因素的冲击地压危险性综合指数介于0.45～0.8的区域。该区域主要包括耿村井田东南部区域、千秋井田采深介于500～750 m的区域、跃进井田采深600～850 m的区域、常村井田西南部区域。

（4）强冲击危险区：地质因素的冲击地压危险性综合指数大于0.8的区域。该区域位于义马向斜的核部，主要包括千秋井田煤层埋深大于700 m的区域和跃进井田煤层埋深大于800 m的区域。

参 考 文 献

[1] 孙学会，吕玉国，孙世国，等．复杂开采条件下冲击地压及其防治技术[M]. 北京：冶金工业出版社，2009.

[2] 史元伟，齐庆新，古全忠，等．国外煤矿冲击地压防治与采掘工程岩层控制[M]. 北京：煤炭工业出版社，2013.

[3] 齐庆新，欧阳振华，赵善坤，等．我国冲击地压矿井类型及防治方法研究[J]. 煤炭科学技术，2014，42（10）：1－5.

[4] 窦林明，赵从国，杨思光，等．煤矿开采冲击矿压灾害防治[M]. 徐州：中国矿业大学出版社，2006.

[5] 钱鸣高，宋振骐，钟亚平，等．冲击地压理论与技术[M]. 徐州：中国矿业大学出版社，2008.

[6] 谭云亮，吴士良，尹增德，等．矿山压力与岩层控制[M]. 北京：煤炭工业出版社，2008.

[7] 姜福兴．微震监测三维切片数据处理分析及预测技术研究[R]. 北京：北京科技大学，2011.

[8] 姜福兴．义煤公司冲击地压治理规划研究[R]. 北京：北京科技大学，2014.

[9] 姜耀东．义马矿区冲击地压机理与防冲支护技术研究[R]. 北京：中国矿业大学，2014.

[10] 姜耀东．义煤集团深部开采冲击地压综合评价及防治技术研究[R]. 北京：中国矿业大学，2014.

[11] 窦林明．义煤常村矿采掘相互作用及 Z 型煤柱区域防冲研究[R]. 北京：中国矿业大学，2012.

[12] 窦林明．义马煤业集团股份有限公司耿村煤矿冲击倾向性鉴定[R]. 北京：中国矿业大学，2010.

[13] 窦林明．常村煤矿复杂煤柱区域冲击地压多层次防治研究[R]. 北京：中国矿业大学，2014.

[14] 窦林明．深部开采冲击地压综合防治技术体系示范矿井[R]. 北京：

中国矿业大学，2014.

[15] 李忠华．耿村煤矿深部开采冲击地压防治技术研究[R]. 阜新：辽宁工程技术大学，2014.

[16] 李忠华．常村煤矿电荷预测冲击地压与防治技术研究[R]. 阜新：辽宁工程技术大学，2014.

[17] 齐庆新．义马矿区 F_{16} 断层对冲击地压发生影响的机理及规律研究[R]. 北京：煤炭科学研究总院，2014.

[18] 齐庆新．冲击地压多级监测预警与防护技术研究[R]. 北京：煤炭科学研究总院，2014.

[19] 齐庆新．多场应力作用下“顶板－煤层”结构体冲击失稳机制与防冲实践研究[R]. 北京：煤炭科学研究总院，2014.

[20] 齐庆新．义煤集团深部开采冲击地压综合评价及防治技术研究[R]. 北京：煤炭科学研究总院，2014.

[21] 潘俊峰．义马强冲击危险区地质力学探测与分析研究[R]. 北京：天地科技股份有限公司，2011.

[22] 潘俊峰．深部开采冲击地压综合预警技术研究[R]. 北京：天地科技股份有限公司，2014.

[23] 王运泉，孟凡顺．义马煤田义马组沉积环境及其对聚煤作用的影响[J]. 岩相古地理，1994，14（1）：24－33.

[24] 王运泉，阎琇璋，孟凡顺．义马煤田主要可采煤层煤厚变化因素分析[J]. 焦作矿业学院学报，1990，（2）：8－20.

[25] 李涛．跃进井田活动断裂对冲击地压的影响研究[D]. 阜新：辽宁工程技术大学矿业学院，2011.

[26] 王德伟．义马煤田南部大型边界逆冲断层 F_{16} 及其对区域煤炭资源开发控制的研究[J]. 资源导刊（地球科技版），2011，（11）：16－18.

[27] 田富军．义马煤田冲击矿压分析及防治实践[J]. 煤矿开采，2010，15（8）：100－102.

[28] 贾宏昭，刘军，张银亮，等．跃进煤矿冲击地压的形成及防治技术[J]. 煤炭技术，2008，27（10）：78－80.

[29] 许胜铭，李松营，李德翔，等．义马煤田冲击地压发生的地质规律[J]. 煤炭学报，2015，40（9）：2015－2020.

[30] 张万鹏，廉洁，李德翔，等．千秋煤矿新井煤柱区冲击地压频发地质原因[J]. 煤矿安全，2015，46（4）：183－185.

[31] 姜红兵，王黑丑，张松军．义马跃进煤矿冲击地压发生原因分析[J]. 煤炭技术，2008，27（3）：161－162.

[32] 唐巨鹏，潘一山，徐方军，等．上覆砾岩运动与冲击矿压的关系研究[J]. 煤矿开采，2002，7（2）：49－57.

[33] 牟宗龙，窦林名，李慧民，等．顶板岩层特性对煤体冲击影响的数值模拟[J]. 采矿与安全工程学报，2009，26（1）：25－30.

[34] 李松营，姜红兵，张许乐，等．义马煤田冲击地压地质原因分析与防治对策[J]. 煤炭科学技术，2014. 42（4）：35－38.

[35] 姜福兴，魏全德，王存文，等．巨厚砾岩与逆冲断层控制型特厚煤层冲击地压机理分析[J]. 煤炭学报，2014. 39（7）：1191－1196.

[36] 李宝富，李小军，任永康．采场上覆巨厚砾岩层运动对冲击地压诱因的实验与理论研究[J]. 煤炭学报，2014. 39（S1）：31－37.

[37] 兰天伟．大台井冲击地压动力条件分析与防治技术研究[D]. 阜新：辽宁工程技术大学，2011.

[38] 康红普，吴志刚，高富强，等．煤矿井下地质构造对地应力分布的影响[J]. 岩石力学与工程学报，2012，31（1）：2674－2680.

[39] 乔元栋，徐青云．大同忻州窑矿冲击地压成因分析与防治措施探讨[J]. 山西大同大学学报（自然科学版），2010，26（4）：71－74.

[40] 潘一山，王来贵，章梦涛．断层冲击地压发生的理论与实验研究[J]. 岩石力学与工程学报，1998，17（6）：642－649.

[41] 孙玉震．义马煤田逆冲推覆构造特征及找煤意义[J]. 中州煤炭，2002，（3）：1－4.

[42] 陈传诗，曹运兴．河南义马煤田的逆冲推覆构造[J]. 河南地质，1991，9（3）：31－36.

[43] 戚伟．断层冲击地压数值模拟研究[D]. 唐山：河北理工学院资环学

院，2007.4.

[44] 牛森营．豫西煤厚变化控制煤与瓦斯突出的机理分析[J]. 煤矿安全，2011，42（7）：127－128.

[45] 李中州．煤厚变化对煤与瓦斯突出危险性的影响[J]. 煤炭科学技术，2010，38（9）：65－67.

[46] 孙振武．煤层厚度局部变化区域地应力场分布的数值模拟[J]. 矿山压力与顶板管理，2003，(3)：95－100.

[47] 李信，周华强，庞国钊．砚石台煤矿冲击地压发生原因的分析[J]. 重庆大学学报，1984，(1)：1－13.

[48] 秦玉红，窦林名，牟宗龙．义马千秋煤矿冲击地压危险性分析[J]. 贵州工业大学学报（自然科学版），2004，33（1）：30－31.

[49] 侯志鹰，王家臣．忻州窑矿两硬条件冲击地压防治技术研究[J]. 煤炭学报，2004，29（5）：550－553.

[50] 张小涛，窦林名．煤层硬度与厚度对冲击矿压影响的数值模拟[J]. 采矿与安全工程学报，2006，23（3）：277－280.

[51] 李希勇．岩层断裂法防治冲击地压的应用实践[J]. 煤炭科学技术，2008，36（6）：55－57，67.

[52] 李宝富，徐学锋，任永康，等．巨厚砾岩作用下底板冲击地压诱发机理及过程[J]. 中国安全生产科学技术，2014，10（3）：11－17.

[53] 李连崇，唐春安，梁正召，等．考虑岩体碎胀效应的采场覆岩冒落规律分析[J]. 岩土力学，2010，31（11）：3537－3541.

[54] 陈颖，刘福祥．孤岛工作面冲击危险性分析及防治研究[J]. 山东煤炭科技，2011，(4)：220－221.

[55] 姚庆华．孤岛煤柱冲击地压危险性评价研究[D]. 青岛：山东科技大学资环学院，2006.

[56] 刘晓斐，王恩元，赵恩来．孤岛工作面冲击地压危险综合预测及效果验证[J]. 采矿与安全工程学报，2010，27（2）：215－218.

[57] 廉洁，李松营，张万鹏．千秋煤矿21下山采区冲击地压差异性分析[J]. 能源技术与管理，2015，40（4）：13－14.

[58] 国家煤炭工业局. 建筑物、水体、铁路及主要井巷煤柱留设与压煤开采规程[M]. 北京：煤炭工业出版社，1986.

[59] 刘文生. 东北煤矿区地表下沉系数规律研究[J]. 辽宁工程技术大学学报（自然科学版），2001，20（3），278－280.

[60] 王利，张修峰. 巨厚砾岩下开采地表沉陷特征及其与采矿灾害的相关性[J]. 煤炭学报，2009，34（8）：1048－1050.

[61] 姜春露，姜振泉，张蕊，等. 赵楼井田首采区冲击地压危险性分区研究[J]. 煤炭工程，2010，(4)：57－59.

[62] 王伟，高星，李松营，等. 槽波层析成像方法在煤田勘探中的应用—以河南义马矿区为例[J]. 地球物理学报，2012，55（3）：1054－1062.

[63] 丁学馥. 地下工程围岩稳定分析[M]. 北京：煤炭工业出版社，1988.

[64] 闫永敢. 大同矿区冲击地压防治机理及技术研究[D]. 山西：太原理工大学阳泉学院，2011.

图书在版编目（CIP）数据

冲击地压地质机理与冲击危险性地质分区研究/李书民等著.
--北京：煤炭工业出版社，2016
ISBN 978-7-5020-5485-4

Ⅰ.①冲… Ⅱ.①李… Ⅲ.①煤矿—矿山压力—冲击地压—研究 Ⅳ.①TD324

中国版本图书馆 CIP 数据核字（2016）第 206971 号

冲击地压地质机理与冲击危险性地质分区研究

著　　者　李书民　李松营　张万鹏　郭元欣　刘　军
责任编辑　徐　武
编　　辑　杜　秋
责任校对　邢蕾严
封面设计　袁梦琳

出版发行　煤炭工业出版社（北京市朝阳区芍药居 35 号　100029）
电　　话　010-84657898（总编室）
　　　　　　010-64018321（发行部）　010-84657880（读者服务部）
电子信箱　cciph612@126.com
网　　址　www.cciph.com.cn
印　　刷　北京市郑庄宏伟印刷厂
经　　销　全国新华书店

开　　本　850mm×1168mm 1/32　**印张**　6 1/2　**插页**　1　**字数**　153 千字
版　　次　2016 年 9 月第 1 版　2016 年 9 月第 1 次印刷
社内编号　8348　　　　**定价**　21.00 元